エコロジー講座 4

地球環境問題に挑む生態学

日本生態学会 編
仲岡雅裕 責任編集

文一総合出版

エコロジー講座 4
地球環境問題に挑む生態学

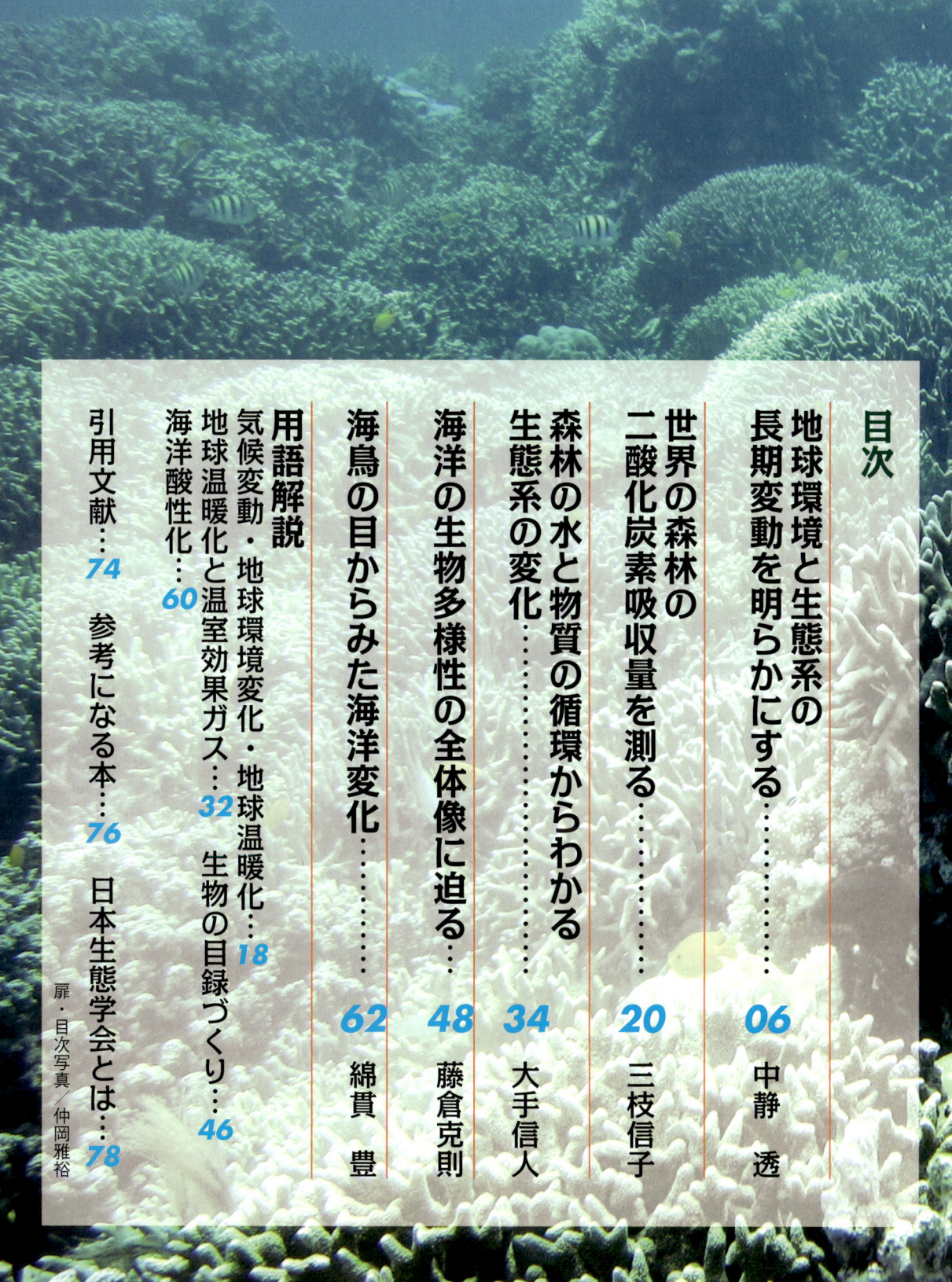

目次

地球環境と生態系の長期変動を明らかにする ………… 06 中静 透

世界の森林の二酸化炭素吸収量を測る ………… 20 三枝信子

森林の水と物質の循環からわかる生態系の変化 ………… 34 大手信人

海洋の生物多様性の全体像に迫る ………… 48 藤倉克則

海鳥の目からみた海洋変化 ………… 62 綿貫 豊

用語解説
気候変動・地球環境変化・地球温暖化 ………… 18
地球温暖化と温室効果ガス ………… 32
生物の目録づくり ………… 46
海洋酸性化 ………… 60

引用文献 ………… 74
参考になる本 ………… 76
日本生態学会とは ………… 78

扉・目次写真／仲岡雅裕

エコロジー講座4

地球環境問題に挑む生態学

北海道大学北方生物圏フィールド科学センター 教授 仲岡雅裕

はじめに

人間は有史以来、さまざまな形で自然生態系に負荷を与え続けています。乱伐による森林の破壊、乱獲による魚資源の枯渇、湖や海の富栄養化、外来種の導入による在来生物群集の変化など、その影響の多様さ、深さは枚挙にいとまがありません。最近では、二酸化炭素などの温室効果ガスの濃度上昇がもたらす地球規模の気候変動の深刻さが明らかになってきました。地球の温暖化、海水面の上昇、低気圧の巨大化、海洋の酸性化などの気候変動の負の影響、およびその抑制に向けたさまざまな国際的な取り組みについては、新聞やテレビで毎日のように報道されています。

しかしながら、地球規模で進行する環境変動が自然生態系にどのような影響を与えるかについて私たちは十分な知識を持っているとはいえないのが現状です。これを明らかにするためには、長期間かつ広い範囲にわたって地道に観測を続けて、生態系の変動に関する十分な量のデータを得たうえで解析することが必要です。これは研究者ひとりひとりが個人的に取り組むだけでは時間も労力も研究資金も足りません。陸域や海洋の物理的な環境条件については、昔からの気象観測や人工衛星などによる観測技術の向上により、長期かつ広域の観測ができるようになり、気候変動の現状の把握や今後の予測が出来るようになって来ました。自然生態系やそこに生きる生物の変化に関しても同様の大規模長期の観測、研究をするための体制づくりが求められています。日本生態学会では、このような問題に対して、「大規模長期生態学専門委員会」

を組織し、生態系や生物群集のフィールド研究を広域かつ長期に安定して行うための仕組みづくりを進めています。また、野外調査研究に携わる研究林・演習林や臨海実験所などの施設を中心に、JaLTER（日本長期生態学研究ネットワーク）が設立され、地球規模での生態系、生態系、生物多様性の観測体制の確立および研究の推進に力を注いでいます。一方、環境省は、「モニタリングサイト1000」という広域、長期にわたる生態系の監視事業を始めました。日本生態学会はこのような取り組みにも積極的に関わっています。

本書では、生態系および生物多様性の長期・広域観測に精力的に携わる研究者により、地球環境の変化と生態系の変化の関連性を理解しようとするさまざまな取り組みについて紹介していただきました。対象とする生態系は森林から深海まで、研究の内容も、大気や水の物質循環から生物群集の変動までと非常に多様です。しかしどの著者も、長い目で広く観測を続けることによってはじめてわかってきた地球規模での環境変動と生態系の変動の関係について、説得力の高いデータを元に真剣に議論しています。本書を通じて、生態系を大規模かつ長期に研究することの価値について理解が進むとともに、そのような研究に携わることの魅力を十分にお伝えすることができれば幸いです。

なお本書は、日本生態学会主催の公開講演会「生態系を広く長く調べる：大規模長期研究への招待」（2011年3月12日開催）の講演内容をまとめたものです。講演を聴くための資料として本書を作成するために、文部科学省科学研究費補助金（研究成果公開促進費）「研究成果公開発表（B）」の助成を受けたことを申し添えます。

地球環境と生態系の長期変動を明らかにする

人間なら一生出合わないかもしれない「まれな出来事」も、樹木のような数百年の寿命をもつ生物にとっては、「たまにあること」。広く長く自然を見続けることで、「まれな出来事」の影響をとらえ、生態系の存続のかぎをさぐる研究が進められています。地球環境変動に直面する生態系の変化を予測するうえでも重要な、こうした長期研究の成果と、これからの展望を紹介します。

長期間の研究はなぜ必要か？

私たちはどうしても、人間生活の時間スケールにとらわれます。生態系のことを考えるなら、見ている対象の生物がもつ時間スケールで考えなくてはならないのは当然のことではいえ、言うほどに簡単なことではありません。100年に一度のササの開花や巨大な台風の来襲は、生態系にとっても大きな変化をもたらす現象です。このような100年に一度の現象は、人間には一生に一度経験できるかできないかというものです。しかし、1000年以上生きる樹木にとってみれば、100年に一度のまれなできごとも、一生のうちに10回くらいは起こる現象です。頭でそのことを理解しているつもりでも、なかなか実感はできません。

生態系は常に変化しつづけています。その変化やメカニズムを理解するために、いろいろな手法が開発され、短期間の研究でも分析的に解明できることが多くなってきました。しかしそれでも、長い時間の観察や、広い範囲をつないだネットワーク、

■ 地球環境と生態系の長期変動を明らかにする

著者紹介

中静 透
（東北大学生命科学研究科）
森林の動きや樹木の個体群動態を，マレーシア，タイ，日本の森林で研究している。最近は生物多様性と人間の森林利用の関係に興味がある。

台風で倒れた大木（阿武隈山地）。一度大きな台風がくると、数年から数十年分の成長量が一気に失われる。

　大規模な実験などを用いて初めて解決できるような、本質的な問題は最後まで残ってしまいます。

　たとえば、生態系を理解するために、数十年あるいは数百年に一度というようなまれな出来事が重要な場合があります。何十年もかけてゆっくりと変化する現象もあれば、その変化自体が毎年の大きな変動を繰り返しながら進んでゆく場合もあります。こうした変化のメカニズムを知ろうとするなら、複雑な食物連鎖のしくみやエネルギーの流れを理解することも必要になり、長期間をかけて生態系レベルで実験することも必要になるでしょう。

　また、非常に広い範囲で共通して起こる現象があり、加えてそれが地域や環境によって異なったふるまいを示すこともあります。こうした場合には、同じ現象を研究する仲間のネットワークを通じて、比較研究を行うことになります。

　こうした「長期間・広範囲」で生態系をとらえる研究は、近年の地球環境問題の解決にも重要な役割を果たすと考えられています。ここでは、そのためにどんなことが行われているのかについてお話しします。

チシマザサ枯死後のブナ林林床の回復（長野県飯縄山）

乙の森のチシマザサは、1974年に開花して枯死した。3年後（1977年）：まだ枯れた桿が立ったまま。

まれなできごとの大切さ

森の樹木の多くは、十分な大きさに育つと種子をつけるようになり、その種子が発芽して次の世代の芽生えとなります。樹木の中には毎年種子をつけるものが多いので、毎年少しずつでも新しい子どもが育っていくように思っている方も多いでしょう。しかし、現実にはそんなにうまくはいきません。

植物は光合成によって生きるために必要なエネルギーをつくるので、日当たりの悪いところでは生きていけないのですが、ブナは落葉広葉樹の中では最も日当たりの悪さに耐えられる、耐陰性の強い樹木のひとつと考えられています。しかし、そんなブナでさえ、林内で発芽した芽生えが生きられるのは最大10〜15年ほどです。また、種子も毎年のようにつくるわけではありません。

それでも、何年かの間には種子が大量に生産される年があって、その翌年には林内に芽生えがたくさん生える状態になります。このような状態のときに台風などで大木が倒れると、茂った林に穴の開いた場所がで

図1　ブナの芽生えの密度

- ◆：ササの枯れなかった場所
- ▲：枯れた林内
- ■：枯れた林縁（赤）

ササが1974年に枯れたため、芽生えにとっては成長しやすい環境になった林内で、芽生えの密度を調べました。ササが枯れたところと枯れなかったところを比較すると、枯れなかったところは芽生えの密度が低いことがわかります。この林では、1984年、1994年、2004年にブナの実が豊作になったため、それぞれ翌年に大量の芽生えが発生しています。

チシマザサ枯死後のブナ林林床の回復（長野県飯縄山）

14年後（1988年）。種子から発芽した芽生えでササが回復をはじめた

■ 地球環境と生態系の長期変動を明らかにする

チシマザサ枯死後のブナ林林床の回復（長野県飯縄山）

22年後（1996年）：まだ完全には回復していない

きることになり、その下には日が差し込むようになります。こうした場所を「林冠ギャップ」といいますが、そこでは芽生えが急速に成長を始め、大きな樹木に育っていきます。

さらに、日本には林内にササの生えているブナ林が多く、そのような場所では芽生えの死亡率はもっと高くなり、発芽後1〜2年でほとんどが枯れて死んでしまいます。ところが、ササには数十年あるいは百数十年に一度開花して種子をつけ、いっせいに枯れるという性質があります。この時には芽生えの死亡率は低くなります。しかし、10〜20年くらいたつと、開花したササがつけた種子が育ってササが復活するため、ブナの芽生えの死亡率も元に戻ってしまいます。

こう見てみると、次世代のブナがうまく育つためには、ササが枯れてから約20年以内に林冠ギャップができる、というようなできごとがなくてはならないことがわかります。つまり、本当にまれな出来事が起こらなければ、次の世代の林ができないことになります。

ブナ林は極相林といわれ、実際には過去4000年以上同じような

チシマザサ枯死後のブナ林林床の回復（長野県飯縄山）

31年後（2005年）：かなり回復した

豊作年のブナ。数年ごとに豊作を迎えるブナは、多くの生きものに恵みを与える。熊も待ちこがれる果実だ（撮影／西本孝）

森林が続いてきたことがわかっていきます。そんなブナ林がなくならずに続いてきたのですから、まれな出来事は起きていたのでしょう。だとしたら、5年や10年研究していても、ほんとうに重要な場面を見ることはできないのかもしれません。

樹木は、このようなまれなチャンスを確実にとらえるために種子や芽生えを大量に発生させているけれども、そのほとんどはチャンスを捉えられずに死んでいきます。ですから、森林の観察では、更新に失敗した実生が大量に死んでゆく過程だけを見ることになります。数十年あるいは100年以上の期間に一度起こるかどうか、と言われるような出来事を知らないと、生態系の本当の姿がわからないこともあるのです。

ゆっくりとした変化と変動の大きな変化

樹木や森林のタイプによって差はありますが、原生林のような成熟した森は、目で見ている程度ではほとんど変化しないように見えます。実際に測定してみても、1年に直径で1センチも成長する樹木は少なく、直径1メートルにもなる樹木の樹齢は少な

くとも200年以上であるのが普通です。こうした寿命の長い生物の変化は遅く、そうした生物が形作っている森林の性質の変化も遅いでしょう。

森を作って温暖化を緩和?

森林では、生きている樹木が少しずつ成長する一方で、年老いた樹木は枯れていきます。その結果として現存量（生きている生物体の総量）が変化しますが、現存量が増えていれば炭素は吸収、減っていれば放出されることになります。若い森林では樹木の成長が早く、成長による現存量の増加が枯死などによる減少量を上回るので、二酸化炭素の吸収速度も速くなります。一方、あまり変化がないように見える原生林のような森林では、吸収速度は遅いと考えられています。

原生林では、長期間にわたって地上部の現存量があまり変化しないと考えられるので、長い期間の平均で見れば、成長による増加と枯死による減少が釣り合っている状態にあると考えられています。しかし、成長による増加分は毎年あまり変化しないにもかかわらず、枯死による減少

■ 地球環境と生態系の長期変動を明らかにする

マレーシア、ランビル国立公園の熱帯雨林の一斉結実で、大量の実をつけたフタバガキ科の樹木。はねつきの羽根のような形の、明るい緑色のものが果実。一斉開花・結実のときには、森の数割にも当たる樹木が、樹冠いっぱいに実をつけることもある。

分は大きいのです。

たとえば、一度大きな台風がくると、数年から十数年分の成長量が一度に失われる場合があります。一方成長を見ると、原生林のような森林では、生きている樹木は現存料の0・5〜1％前後の成長をしていて、大きな変化はありません。

このような変動は、当然、炭素収支にも影響します。ですから、短期間の測定や、狭い範囲での測定から、単純に炭素の収支を推定すると大きな誤差を生じることになります。森林を造成してその森林が吸収する二酸化炭素によって、気候の温暖化を緩和しようとする考え方がありますが、こうした点に注意が必要です。

小雨と一斉開花

また、開花や結実のような現象のなかには、大きな年変動をもつものが少なくありません。冷温帯のブナでも、大量に結実するのは数年に一度で、他の年には少し結実するだけか、まったく結実しない年が続きます。

白神山地のブナ天然林調査に向かう。この調査は長期動態把握のために10年以上継続されている（撮影／石坂航）

図2　一斉開花の観測（Sakai et al., 2006）
- ―― ：開花している個体の割合
- ―― ：結実している個体の割合
- ▯ ：一斉開花が見られた時期

400個体以上のフタバガキ科植物を2週間おきに観察し、森林の樹木の中で開花または結実している個体の割合を調べた結果を示します。多くの樹木が同時に花を咲かせ、同時に実をつける時期があることがわかります。これのような現象を「一斉開花」と呼びます。一斉に咲いた花は同じ時期に実るので、一斉開花に続いて一斉結実も起こります。

これらの現象は毎年起こるわけではありません。そして、図からもわかるように、起こる間隔も定まっていません。そのため、一斉開花・結実がどのような要因で起こるのかを解明するためには、何年にもわたって観察を続ける必要があります。

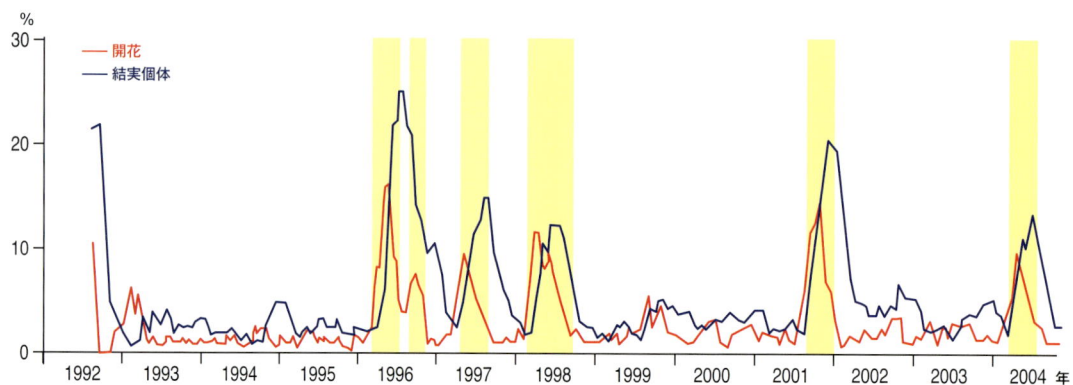

図3　一斉開花と小雨（Sakai et al., 2006）
- ―― ：開花している個体の割合
- ―― ：結実している個体の割合
- ▯ ：一斉開花が見られた時期

上のグラフは、図2で示したのと同じ、フタバガキ科の樹木の開花・結実個体の割合を示したものです。これと、30日間の降水量の変化を合わせてみると、雨が少ない期間の直後に一斉開花が起こっていることがわかります。

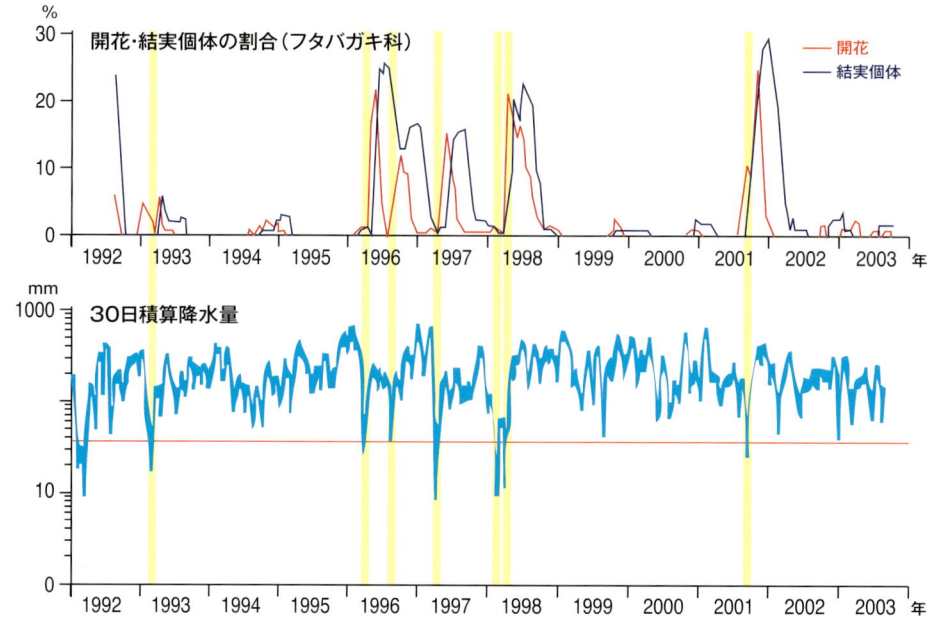

■ 地球環境と生態系の長期変動を明らかにする

同じような現象が東南アジアの熱帯林でも知られており、この場合は1種類ではなく100種類以上の樹木が同じ年に開花することから、一斉開花と呼ばれています（写真、図2）。

この現象は、さしわたし数百キロメートルという広い範囲で起こり、数年に一度と言われる短期間の少雨で起こることがわかっています（図3）。マレーシアのサラワク州で観測された例では、30日間合計の降水量が40ミリメートル以下になると開花が起こっていました。降水量が多く湿潤な熱帯地域でも、降水量の年変動は大きいのです。このような少雨は数年に一度しか起こらないし、最低でもこの現象を何度か観測しなければ、一斉開花との関係の理解には至りません。少なくとも10年以上の観測データがあって、初めて理解できる現象といえます。また、広い範囲にわたる観測によって、地域間や気候条件による違いが明らかとなります。

現在予測されている気候変動によって、少雨の頻度が変わったり、少雨の起こる地域が変化したりという影響が考えられます。現在の気候変動予測モデルでは、温度よりも降水量の変化予測のほうがむずかしく、また数年に一度の少雨というような極端な現象がどのようなパターンで起こるかという予測はもっと難しいのです。

樹木の繁殖や種子の生産は、次世代の森林がうまく更新できるかどうかに直接関係することでもあり、気候変動が大きく影響する可能性があります。

複雑な相互作用をもつ現象

全国的なシカの増加

いま、日本各地でニホンジカが増加して、農作物の被害が深刻化しています。私が1981年から調査していた奈良県大台ケ原のブナとウラジロモミの混じる森林は、1990年代初めまでは、高さ2メートルくらいのスズタケというササの一種が繁茂する森林でした。ところが、1990年ごろから葉が食べられてスズタケが減少し、2000年初めにはほとんどなくなってしまいました。すると、食べるものがなくなったシカが皮を剥ぐように食べるようになったのでしょう、

シカの食害による林内の変化（奈良県大台ケ原）

1991年7月

1996年7月

2001年5月

上の写真は、同じ場所を撮影したもの。密生していたスズタケ（下草になっていたササのなかま）が、わずか10年ほどですっかりなくなってしまった。これはシカが食べ尽くしたため。明るくなった林の中では芽生えが育つはずだが、芽生えもシカが食べてしまうため、次世代の樹木も育つことができなくなる。えさが

なくなると大きな樹木の皮をはいで食べてしまうようになり、親木を枯らしてしまうこともある。現在、日本全国でシカが増えているため、このような森林生態系の変化は各地で起こり、問題になっている。さらに、増えたシカが人里に降り、農作物を食い荒らすなどの被害も深刻化している。

シカ除去柵設置後10年たった林のようす。柵の中だけ、植物の回復が見られる（栃木県日光）

がれ、かなり大きな樹木でも枯れてしまう種類が出始めました。その結果、1981年当時には0.8ヘクタールあたり約800本あった樹木が、2006年には約500本に減ってしまいました。樹木の年間死亡率も、1980年代には1％台だったのに、1990年以降には2～3％に上昇しました。わずか1～2％の上昇と思われるかもしれませんが、長い時間では本数の大きな違いになって現れます。

森林が発達して林が暗くなるとえさ植物は少なくなります。時代が進むにつれて植物は少なくなります。かつてシカのえさが豊富にあった造林地は発達し、えさ植物は少なくなります。その一方、新しく植林できる場所は急速に減少し、増えたシカの餌が不足して、原生林のササや農作物を食べるようになったという可能性が高いと考えられます。こうした原因を知るうえでも、長期間の観測データが物語るものは大きいのです。

なぜ増えたのか

シカの増加のメカニズムについては、オオカミの絶滅、温暖化の影響、ハンターの減少などとともに、最近数十年間の人間による森林利用の変化が大きいと言われています。1970年代後半までの日本では、広葉樹林を伐採して針葉樹の人工林に転換するという拡大造林政策がとられ、植林による若い森林が大量に増えました。若い造林地（植林10～15年くらいまで）はシカのえさとなる植物が多く、おそらく1990年ころまでにシカの個体数が大幅に増加したに違いありません。

シカが及ぼす複雑な影響

一方、シカの増えたことにより、増える植物もあります。シカが食べない植物は増えるのです。大台ケ原では毒をもつ植物（トリカブト属、バイケイソウ属など）が増えました。また、当初はあまり食べられずに増えていた植物でも、他の植物がなくなって食べられるようになったものもあります。さらに、植物相の変化が土壌動物や鳥など他の生物に及んだり、植生がなくなったために土壌の流失が起こったりしたという報告もあります。

しかし、シカのえさ植物がなくなり、シカが一気に減少するようなこ

■ 地球環境と生態系の長期変動を明らかにする

2006年9月
シカの食害による林内の変化（奈良県大台ヶ原）
13ページと同じ場所を撮影したもの

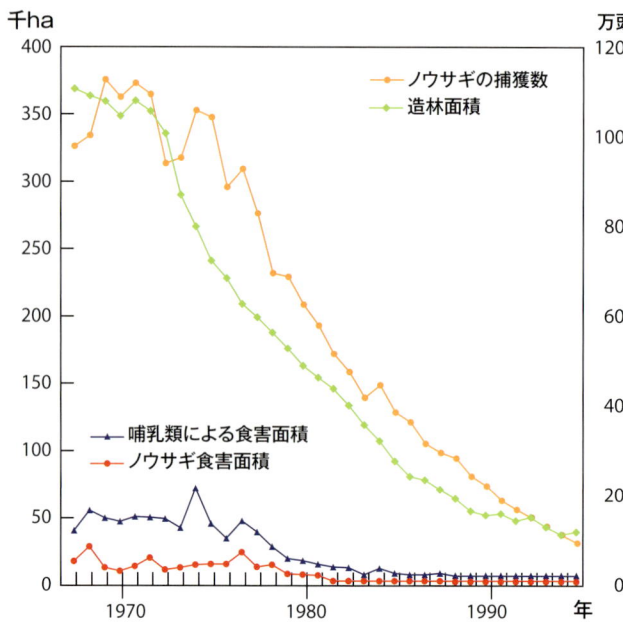

図4　ノウサギの捕獲数と造林面積の推移（山田，2002）
人間の森林利用の変化は、シカだけでなくほかの生物にも影響を及ぼしている可能性があります。ノウサギのような小型の草食哺乳類の減少は、かれらをえさにするワシやタカなどの鳥類にも影響を及ぼす可能性があります。

増加も引き起こしている可能性があります。また一方では、ノウサギのような小型の草食動物の個体数は減少させているようです（図4）。ノウサギの減少は、ノウサギをえさとするイヌワシのような、草原や若い森林で狩りを行う大型猛禽類の繁殖を困難にしているという推定もあります。

このように、生態系の複雑な食物網のさまざまな場面に、長期の森林利用変化の影響が出てきます。そのメカニズムを知り、対策を立てるためには、長期にわたる研究データと、シカ柵のような実験が欠かせないのです。

温暖化と生物の移動

温暖化は、植物の生態に直接の影響を及ぼすだけでなく、さまざまな形で影響すると考えられています。たとえば、さまざまな生物が高緯度地方（北極・南極方向）へ、あるいは標高の高いところへ移動することが予測されています。すると、どのようなことが起こるでしょうか。

移動能力の高い鳥や昆虫などは比較的簡単に分布地域を移動できます。

とがあれば、樹木の芽生えや若木の成長を妨げるササなどの植物がなくなっているために、樹木の回復が急速に進むと考えられます。このことは、実際にシカを排除した柵を設ける実験によって確認されています。つまり、長期で考えると、シカの増加は樹木にとって悪いことばかりではないと考えられます。シカが増えたことが生態系全体に複雑な影響を及ぼしているのです。

シカの個体数増加の原因と考えられる人間の森林利用の変化は、シカだけでなく、サルやイノシシなどの

が、植物は自分では移動できません。他の生物や風などの力で種子を移動させ、移動した先で成長してまた種子をつくり、さらにその種子で移動することになるので、植物の移動はとてもゆっくりです。なかでも樹木のように成長に時間がかかる寿命も長い生物の移動速度は、特に遅いと考えられます。その結果、これまで花粉の授受や種子散布などで共生してきた、移動能力の高い生物に置いてけぼりをくらってしまい、新しいパートナーと共生せざるを得ないケースも出てくると予測されます。

生物の移動は生態系が連続していればスムーズに進みますが、生態系が分断化され、移動すべき方向に障壁となる土地利用があれば、スムーズな移動はできません。このように、人間活動によって温暖化の生物への影響が増幅される可能性が高いのです。

そんな中で、最も現実的な問題として心配されているのが、病害虫が分布度に制約されているものが多く、温暖化により発生場所が変化するだけでなく、発生回数が増えたり、時期

■ 地球環境と生態系の長期変動を明らかにする

松枯れで壊滅した松林。松枯れは、マツノマダラカミキリという昆虫によって広がる病原微生物が引き起こす病気で、各地の森林に大きな被害を及ぼしてきました。これまで、北方ではあまり被害はなかったのですが、温暖化によってマツノマダラカミキリの分布が北上してしまうと、被害が広がるおそれがあります。

が変わったりすることが予測されます。そのため、害虫としてだけでなく、病気の媒介者として生態系に及ぼす影響は大きいと考えられているのです。すでに大きな問題となっているマツ枯れやナラ枯れなどの病気も、温暖化によってその被害範囲が拡大すると考えられます。

長期生態研究のネットワーク

このような長期にわたる生態系変動の重要性は1970年代の後半から認識され、米国では1979年から、長期生態研究（LTER）のネットワークが設立されました。その後、この動きは各国に広がり、1990年代にはそれが国際的なネットワーク（ILTER）に広がり、30以上の国と地域のネットワークが参加し、共通のデータベースづくりや共通メニューによる実験、生態系や生物多様性の地球規模での観測事業への参加などを行って、温暖化や生物多様性など、地球規模の環境問題に対応した貢献を行ってきました。日本でも1990年代から関心が高まり、多くの研究者が個別にさまざま活動を行ってきましたが、2006年に正式な組織（JaLTER）として発足し、ILTERにも加盟しました。

おわりに

生態系がかかえる問題を理解するには、以上のように長期間にわたる研究や、ネットワークによるデータ収集、大規模な実験などが重要な役割をはたす場面が少なくありません。とくに、近年の人間活動がもたらした環境変化の影響を知るには、長期間の観測が必要になるでしょう。温暖化の問題は、過去の人間活動によらない気候変化に較べて変化のスピードが著しく速いうえに、土地利用変化など他の人間の活動が複合的にかかわる可能性が高いため、自然に生ずる変化とは質的に異なります。気候変動の予測そのものが不確実性を持つうえ、生物や生態系も複雑な相互作用系をもつので、変化を見つけ出したりその対策を行うためには、長く・広く生態系とその変化を見続ける研究手法が不可欠なのです。

> 用語
> 解説

気候変動・地球環境変化・地球温暖化

地球上の、大気、海洋、陸上などで起こるさまざまな時間・空間スケールでの変動をあらわすことばに、「気候変動(Climate Change)」、「地球環境変化(Global Environmental Change)」、「地球温暖化(Global Warming)」などがあります。

このうち「気候変動」は、自然に起こるもの・人間の影響によるものを問わず、さまざまな原因によって短い時間スケール(数十年)から長

高緯度地方の生物は地球温暖化により大きな影響を受けると考えられる。ホッキョクグマもそうした動物のひとつと考えられ、絶滅のおそれが深刻化している（撮影／福田俊司）

い時間スケール（数万年、数億年）で変動する現象を広くあらわします。「地球環境変化」や「地球温暖化」も「気候変動」に似ていますが、これらは通常、人類の生活や生存にとって重要な時間・空間の環境要素の変化を指すときに使われることが多いことばです。

気候変動を起こす要因には、例えば、太陽活動、地球の軌道、海洋循環、大陸の配置、大気組成の変化などがあります。また、およそ10万年のスケールで地球表層の温度を大きく変動させる氷期／間氷期サイクルも、代表的な気候変動の一つです。

これらは自然の要因によって起こる変化ですが、人間活動が原因で環境要素の変化が起こる（起こり得る）こともあります。その原因としては、例えば、工業化の進展に伴う世界各地での大気・水質・土壌汚染、森林伐採や火災に伴う森林面積の減少、オゾン層破壊に伴う地表への紫外線入射量の増加などがあります。大気中温室効果ガス濃度上昇に伴う地上平均気温の上昇もその一つで、地球温暖化とよばれる現象です。

（三枝信子）

世界の森林の二酸化炭素吸収量を測る
環境変動への対応を目指して

著者紹介
三枝 信子
（国立環境研究所）

国立環境研究所 地球環境研究センター 陸域モニタリング推進室 室長
微気象学的方法による陸域炭素循環の観測ネットワークに基づいて、アジアの陸上生態系と大気の相互作用について研究しています。

地球温暖化の要因となる「温暖化ガス」の一つとして知られる二酸化炭素。空気中の二酸化炭素濃度が上昇したら、森林生態系はどうなるのだろう？　そうした予測を行ううえで不可欠な観測が、世界各地で行われています。その観測はどのように行われ、これまでにどんなことがわかってきたかを紹介します。

地球温暖化をくいとめるため、大気中の重要な温室効果ガスである二酸化炭素（CO_2）の排出量を減らすことは、いまや世界的な課題となっています。そこで、森林が注目されています。森林をつくる樹木は、二酸化炭素を吸収して光合成を行うことで木や枝を成長させ、その体内に二酸化炭素をため込むはたらきを持っているからです。

いろいろな森林

世界の森林にはいろいろな森林があります。熱帯・温帯・亜寒帯などの気候帯のちがい、常緑性・落葉性などのタイプのちがいなど、さまざまな森林がみられます。

こうした森林は、どこも同じように二酸化炭素を吸収するわけではありません。温帯や亜寒帯では、一般に春から秋にかけての温暖な季節に二酸化炭素を吸収し、冬に放出します。一方、熱帯では温帯や亜寒帯に比べて気象の季節変化が小さいため、森林による二酸化炭素吸収・放出の季節変化も小さいのです。

また、森林の状況によっても、二酸化炭素吸収量は異なります。森林が伐採や火災などの攪乱を受けると、その直後には光合成を行う樹木が失われ、土壌に残された有機物や枯死した樹木などの分解が進むため

気象観測用のタワー

世界の森林の二酸化炭素吸収量を測る

いろいろな森林
右ページ：熱帯の常緑広葉樹林の林冠部（マレーシア、サラワク州）
右上：冷温帯の落葉広葉樹林（宮城県）
左上：熱帯の常緑広葉樹林（マレーシア、サラワク州）
左中：暖温帯の照葉樹林（屋久島）
左下：亜高山帯の針葉樹林（南アルプス）

以上撮影／中静透

に大量の二酸化炭素が大気に放出されます。しかしその後に十年以上の時間をかけて樹木の成長とともに、二酸化炭素吸収量は少しずつ増えていきます。

現在のところ、世界の森林がどれだけの二酸化炭素を吸収しているのか、正確にはわかっていません。地球温暖化の進行をくいとめるために、今ある森林を保全したり、もし足りないなら新たにつくるにしても、そうした森林がどれくらいの二酸化炭素を吸収するのか、できるだけ正確に予測する方法を作り上げる必要があります。

今後、地球温暖化をはじめとする気候変化が進行すれば、現在の森林による二酸化炭素吸収・放出量も変化すると考えられます。寒い地域の森林では、暖かい季節が長くなるために二酸化炭素の吸収が増える可能性がありますが、熱帯や半乾燥地域の森林では、乾燥や火災の増加によって二酸化炭素吸収量が減る場合

カラマツ林内に建てられた気象観測用のタワー

陸上生態系の二酸化炭素の吸収と放出

陸上の生態系の中では、太陽から届く光エネルギー、降水や河川から供給される水や窒素、大気中の二酸化炭素などを使って各種の物理・化学・生物学的な反応が起こります。例えば、植物の葉は太陽光の一部（波長400〜700ナノメートルの光）を利用して光合成を行います。光合成は二酸化炭素と水から炭水化物などの有機物を合成する生化学反応です。一方呼吸は、酸素を利用してエネルギーを取り出し二酸化炭素と水を放出する、同じく生化学的反応です。植物も動物も、生命の維持と成長に必要なエネルギーを呼吸と

があるかもしれません。環境の変化に対する森林の反応を予測することも重要なのです。

こうしたことから、世界各地の生態系で気象観測用のタワーを使った観測ネットワークがつくられています。ここでは、そのネットワークが地球の気候変化予測や森林によるニ酸化炭素吸収量の正確な評価にどのように貢献しているかを解説します。

よって得ます。さらに、土壌にすむ微生物も呼吸を行い、二酸化炭素を大気へ放出します（図1）。

植物は光合成と呼吸の両方を行うので、植物が二酸化炭素を吸収するか放出するかは、時間により変化します。図2を見てください。光合成には、光が必要です。そのため、夜の間は光合成が行われず、森林は呼吸により二酸化炭素を放出します。一方太陽光を受ける日中は、光合成による二酸化炭素の吸収が呼吸による放出を上回るので、差し引きする

富士山の北麓に広がるカラマツ林

世界の森林の二酸化炭素吸収量を測る

図1 森林によるCO₂の吸収と放出のプロセス

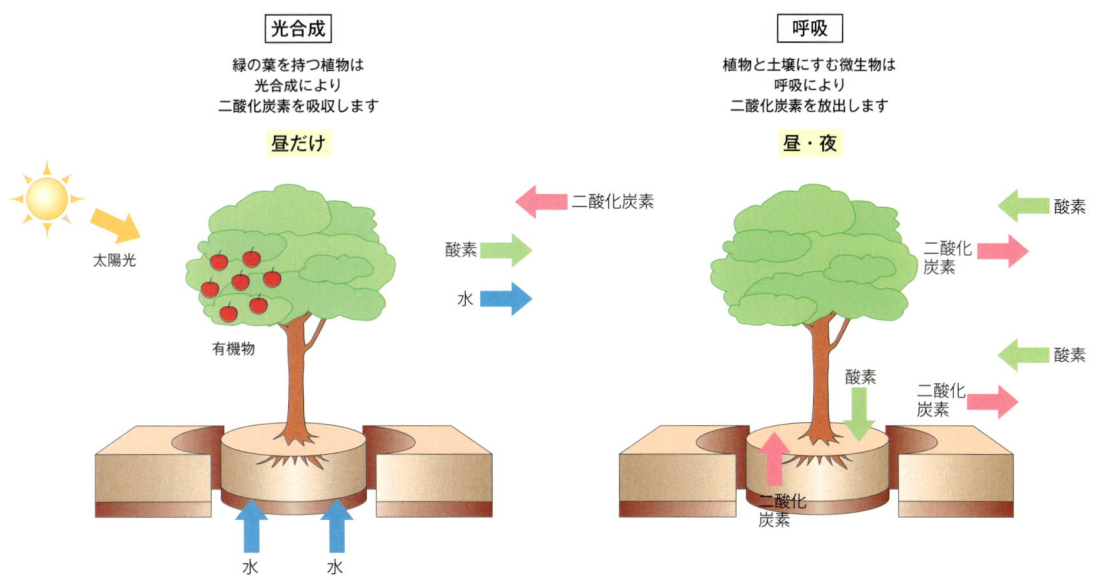

森林による正味の二酸化炭素の吸収量＝光合成の総量－呼吸の総量

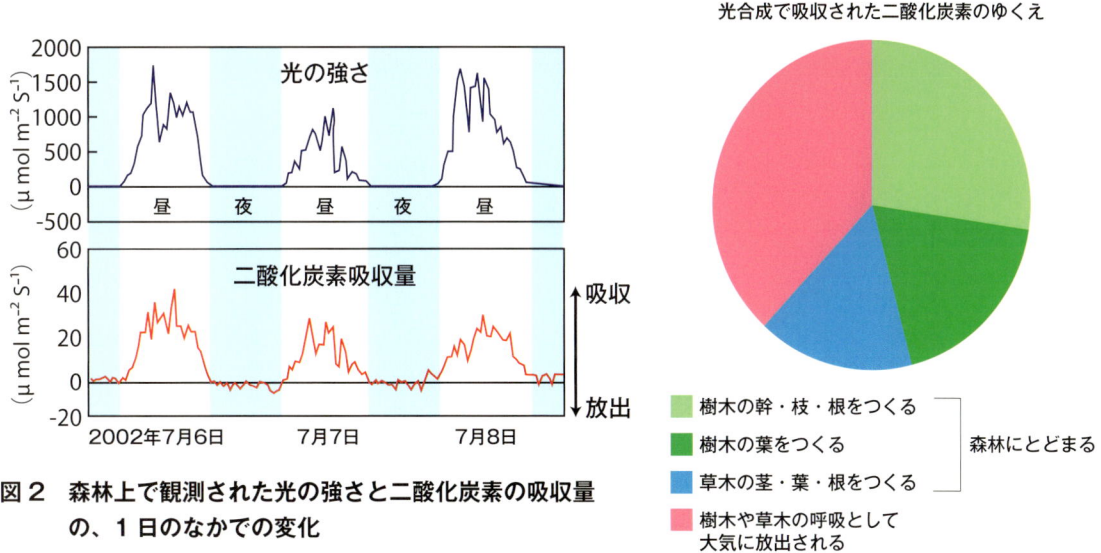

図2 森林上で観測された光の強さと二酸化炭素の吸収量の、1日のなかでの変化

と森林は二酸化炭素を吸収していることになります。森林はいつでも二酸化炭素を吸収しているのではなく、二酸化炭素を吸収する時間帯と放出する時間帯があるのです。

二酸化炭素吸収量の測り方

このように刻々と変化する二酸化炭素の吸収量は、どのようにして測定すればよいでしょうか。私たちが実際に行っている観測方法を紹介しましょう。

毎木調査

森林の中に一定面積（例えば1ヘクタール）の調査区を設け、そのなかにあるすべての樹木の直径を一定期間ごとに（例えば年1回）測定します。そして、直径の増加量から樹木に蓄積された炭素の量を求めます。

渦相関法

微気象学的な理論に基づいて二酸化炭素吸収量を求める方法です。この方法では、森林の中に気象観測用のタワーを建て、その上で単位時間・単位土地面積あたりの上下方向の二酸化炭素輸送量（フラックス）

図3 タワーを使ったCO₂フラックスの観測システム

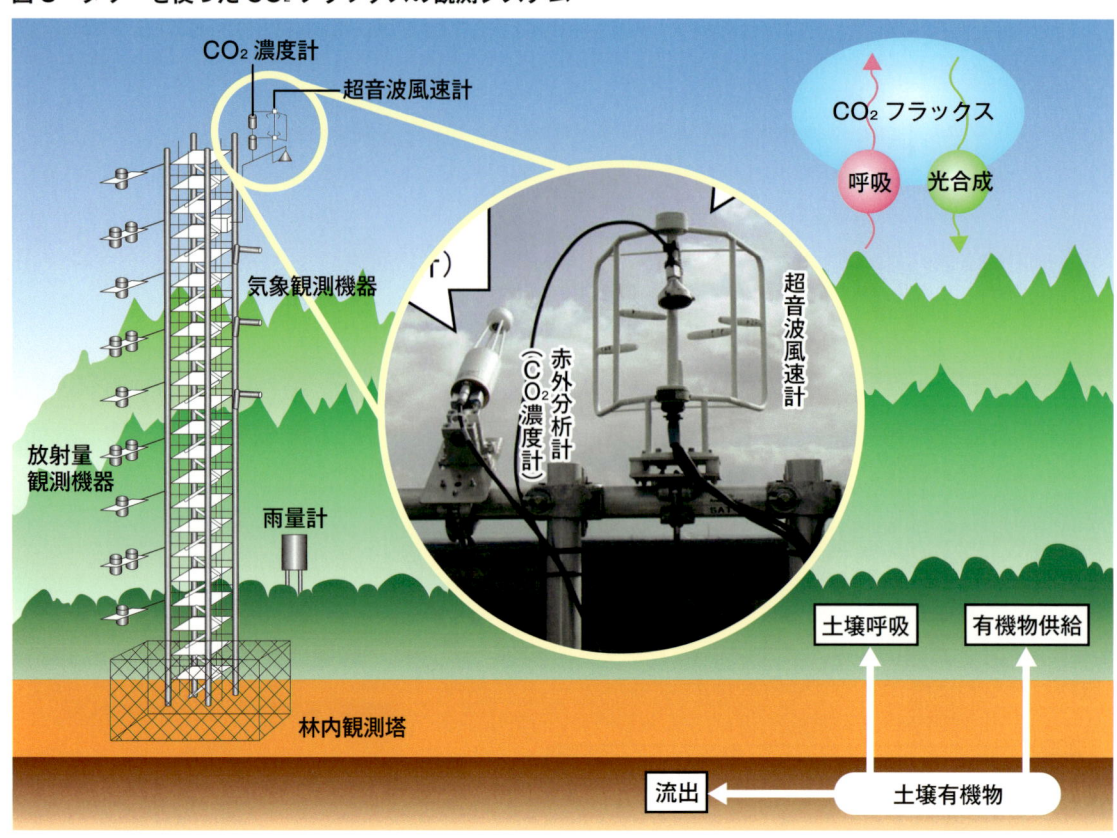

世界の森林の二酸化炭素吸収量を測る

とよびます）を測定します。森林の中には、光合成で二酸化炭素を吸収する樹木の葉や、土壌微生物の呼吸で二酸化炭素を放出している地面など、さまざまな吸収・放出源があります。そのため、森林内に観測機器を設置すると、これらの影響を受けて正しく測定できません。そのためタワーを建てる必要があるのです。

渦相関法では、二酸化炭素吸収量を30分程度の短い時間単位で求めることができ、二酸化炭素吸収量が日射、気温、湿度などの環境要因の変化によってどれだけ影響を受けるかを詳しく知ることができます。一方、毎木調査に基づく方法は、1年から数年という長時間での炭素蓄積量を求めるのに適しています。そこで、これら2つの方法を併用すれば、森林の二酸化炭素の出入りを、広い時間スケールで把握できると同時に、

観測のネットワーク

世界の森林による二酸化炭素吸収量を求めようとする試みは、1960年代ころから毎木調査に基づく方法で行われてきました。一方、渦相関法による二酸化炭素吸収量の連続観測が世界各地で始まったのは1990年代に入ってからです。1996年にはヨーロッパで渦相関法の観測ネットワークを作ろうという活動が始まり、それが世界規模の観測ネットワーク、フラックスネット（FLUXNET）の構築につながりました。1997年12月には、京都議定

渦相関法

空気の乱れ（不規則な流れ）によって単位面積・単位時間あたり輸送される物質の量（例えば二酸化炭素）を直接測定する方法です。

森林による二酸化炭素吸収・放出量を測定するためには、高いタワーを建て、その上で上下方向の風速と二酸化炭素密度を1秒間に10回程度の高い頻度で測定します。そして、上下方向の風速と密度をかけた値を一定時間（30分間程度）平均し、その時間内に正味で移動した二酸化炭素の量を算出します。例えば、上向きの風が観測される時にいつも二酸化炭素密度が低く、下向きの風の時に二酸化炭素密度が高い場合、正味で二酸化炭素が下向きに輸送されていると計算されます。

書(気候変動に関する国際連合枠組条約の京都議定書)で、温室効果ガスの削減目標達成に森林の二酸化炭素吸収を加えることになったことから、森林の二酸化炭素吸収量を計測する手法の確立が、国際的な緊急課題となりました。

こうしたことから観測サイトの建設がさらに広まり、1999年にはアジアにおける観測ネットワーク、アジアフラックス(AsiaFlux)が活動を始めました。今では、世界で400か所を超えるといわれるほど数多くの地点で、森林をはじめとする陸上生態系の二酸化炭素吸収量の長期連続観測が行われています。

世界各地で実施されている二酸化炭素吸収量の観測は、各国の大学や研究機関によって独自に運営・維持されています。こうした観測点がネットワークをつくり、観測手法や解析手法をできるだけ統一させてデータベースをつくることにより、世界各地の森林による二酸化炭素吸収量を比較できるようになります。そうした例として、2000〜2005年の間にアジア各地の森林(図4)で観測されたデータを集

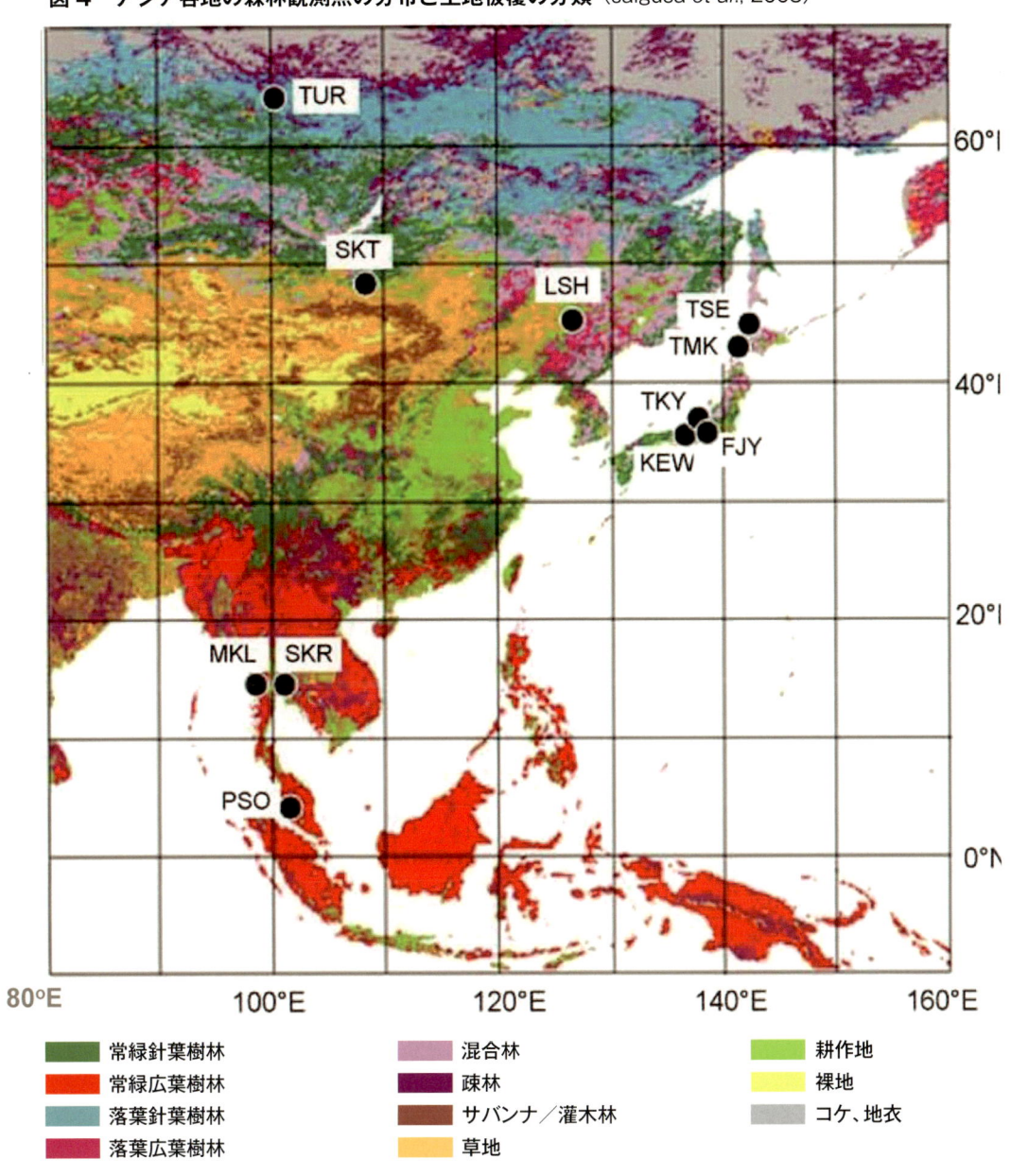

図4 アジア各地の森林観測点の分布と土地被覆の分類 (saigusa et al., 2008)

日本の落葉広葉樹林

中国のカラマツ林（c）

さまざまなアジアの森林

図5は、さまざまな森林で観測された月別の二酸化炭素吸収量（炭素量に換算した値）です。この図のa〜dは落葉針葉樹林（カラマツ林）です。カラマツは、真冬に氷点下60度になるほど寒冷な中央シベリアでも生存することのできる寒さに強い樹木です。a〜dを比べてみると、シベリア、モンゴル、中国、日本と気候が温暖になるにつれて光合成を行う期間が長くなり、吸収量の最大値も高くなることがわかります。eとfは日本の森林です。eとfは落葉性の樹木の多い北海道の混交林と岐阜県のカンバ・ミズナラ林で、常緑性の森林である山梨県のアカマツ林（g）と滋賀県のヒノキ林（h）に比べ二酸化炭素を吸収する季節の長さが短い代わりに、吸収量の最大値が高いことがわかります。i〜kは熱帯林です。乾季と雨季の2つの季節をもつタイの熱帯季節林（i、j）では、乾季（11月〜4月頃）に比べ雨季（5月〜10月頃）

■ 世界の森林の二酸化炭素吸収量を測る

図 5 で示した、二酸化炭素吸収量を観測している森林の例

日本の混交林（e）

日本の落葉広葉樹林（f）

図 5　さまざまな森林で観測された正味の CO_2 吸収量の季節変化（saigusa et al., 2008）

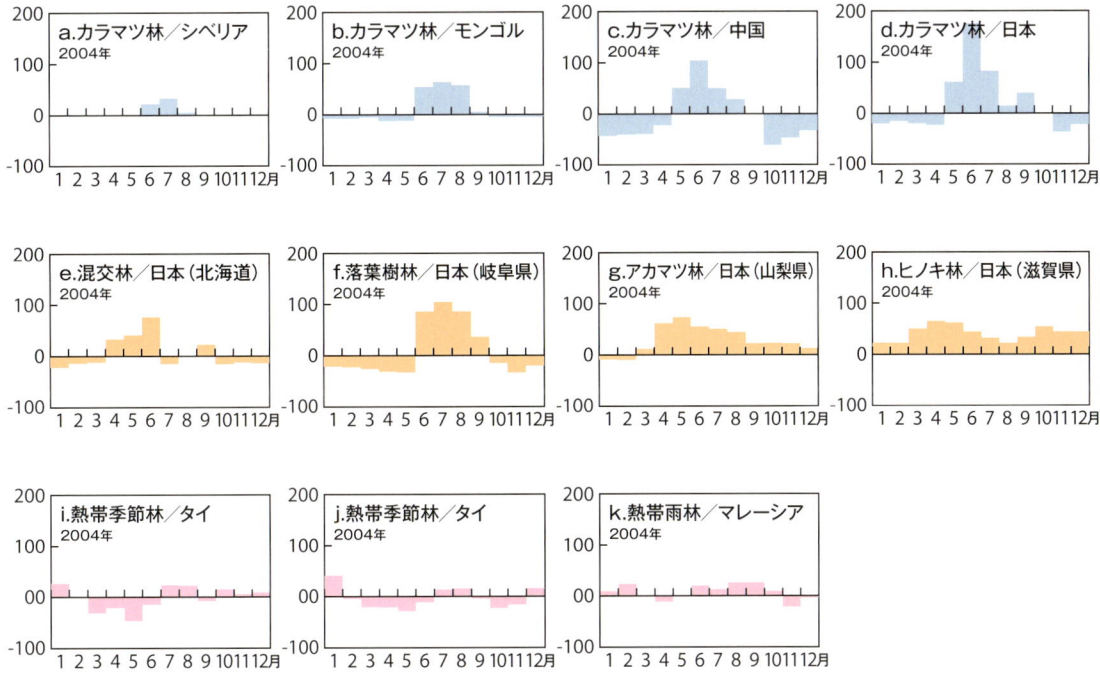

アジア各地の森林の、月別二酸化炭素吸収量です。1平方センチメートルあたり、1か月に何グラムの二酸化炭素を吸収しているかを示しています。暖かい地方ほど光合成を行う期間が長くなり、吸収量の最大値も大きくなるのがわかります。日本の中だけで比較すると、林による吸収パターンの違いも見えてきます。

↗側面も持ち合わせている（撮影／松村俊和）

の吸収量が多くなっています。また、一年を通して雨の多いマレーシアの熱帯雨林（k）では、他の森林に比べて季節変化の幅が小さいことがわかります。

熱帯林は二酸化炭素を吸収も放出もしない？

図5（i、j、k）をみると、熱帯林は一年を通して二酸化炭素をあまり吸収も放出もしていないように見えます。実際はどうなのでしょう？　森林が正味で吸収する二酸化炭素の量は、光合成の総量から呼吸の総量を引いた値です。そして、熱帯林が1年間に光合成によって吸収する二酸化炭素の総量は、実は温帯林の2倍近くもあります。しかし、呼吸によって放出する二酸化炭素の総量も同程度に多いため、二酸化炭素吸収量と放出量がつりあっている（正味の吸収量が少ない）ように見えるのです。

ところが、もし熱帯林の樹木が広範囲で伐採されたり、森林火災により焼失すると、その森林の二酸化炭素吸収量は激減します。一方、放出量はそれほど減らない（かえって増える場合もある）と予想されます。すなわち、長い間安定していた熱帯林は吸収量と放出量が同程度であまり変化しないのですが、伐採や火災といった攪乱を受けると、その直後に温帯林や亜寒帯林ではみられないほど大きな二酸化炭素放出源になる可能性があるのです。

■ 世界の森林の二酸化炭素吸収量を測る

砥峰高原の火入れの様子。ススキの葉が燃えて空中へと炭素が帰っていく循環のひとつ。火入れは物質循環の役割を果たすとともに、芽生えの邪魔になるリターを除去するため、草原生植物の多様性に貢献している。さらに、文化としての↗

猛暑や冷夏が引き起こす二酸化炭素吸収量の変動

2010年の夏は、日本付近で記録的な猛暑となりました。このように平年と異なる気象条件のもとでは、世界の森林による二酸化炭素吸収量はどれだけの影響を受けるのでしょう。それを知る手がかりを得るため、過去に起こった異常気象の年に森林による二酸化炭素吸収量がどれだけ変化したかを表す例を紹介します。

2003年の夏、ヨーロッパ中南部は記録的な猛暑となり、各地で農作物や健康上の深刻な被害が報告されました。一方この同じ夏に、ロシア東部で低温多雨、日本の本州で洪水、中国南部で日照不足、中国東部で記録的な冷夏と日照不足、と、世界のあちこちで平年とは極端に異なる気象が観測されました。

そこで、2003年夏にアジア各地の森林による二酸化炭素吸収量が平年に比べてどれだけ異なっていたかを、地上でのタワー観測のデータ、人工衛星の画像データなどから推定しました。

図6のaは、衛星データから推定した、光合成に有効な波長帯の光の量の過去数年間（2001～2006年）の平均値からのずれの空間分布、bはモデルを用いて推定した光合成量の偏差の空間分布を示しています。赤色の部分は過去数年間の平均値に比べて2003年夏に光量または光合成量が多かった場所、青色は少なかった場所を表します。aをみると、光量が多かった場所と少なかった場所が東西に縞のような模様をつくって北から南に順に並んでいる様子がわかります。

このaとbを見比べると、日本の本州中部に当たる北緯30～40度より北側では、光量の多い場所と光合成量の多い場所はほぼ一致していることがわかります。これは、天気が良かったところ、すなわち光を多く受けた場所の光合成量は多く、反対に光が少なかった場所の光合成量は少なかったことを意味します。ところが、北緯30度より南側、特に中国南東部では、光を多く受けた場所でかえって光合成量が少なかったことがわかります。この結果は、地上観測からも確認されました。すなわち、中国南東部の森林サイトでは、2003年7～8月に好天が

図6　2003年夏における光量と光合成の偏差（平年からのずれ）（saigusa et al., 2010）

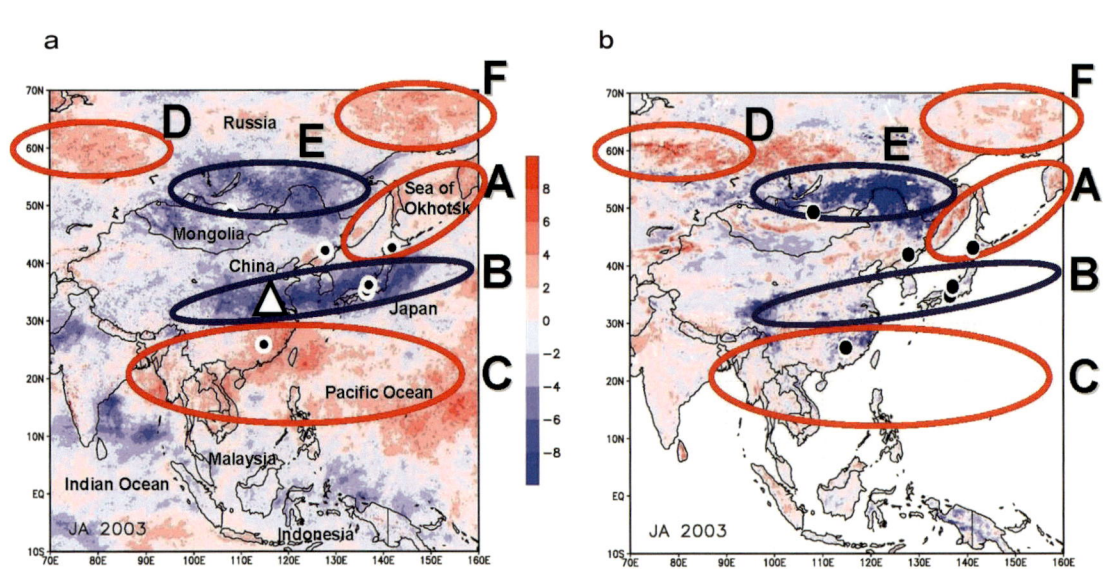

■ 世界の森林の二酸化炭素吸収量を測る

続き、日照が長く、降水量が少なかったために高温と乾燥による水不足を引き起こし、夏のみならず秋にかけても、光合成速度が大きく低下していたのです。

このように、2003年の夏には、ヨーロッパだけでなくユーラシア大陸東部でも、光や温度が過去数年間の平均とは異なる状態が2か月間ほど同じ場所で続き、東アジア各地の夏の光合成量に大きな影響を与えたことがわかりました。

観測を続けることの大切さ

森林による二酸化炭素吸収量を微気象観測に基づいて世界各地で連続観測しようとする研究は、開始から100年以上の記録を持つ地上気象観測や、50年を超える大気中二酸化炭素濃度の観測に比べれば、まだ歴史の浅い分野です。観測精度にもまだ問題点は数多く残されています。

しかし、世界各地の観測データを集めて広域の二酸化炭素吸収量を精度よく算出しようとする研究は急速に進展しています。将来の気候変化に陸上生態系がどう応答するかを予測するうえで、わたしたちが実際に経験する気象の変動に二酸化炭素吸収量がどこでどれだけ反応したかを正確に検出することは、重要な知識をもたらします。

わたしたちは、地球規模で気象をダイナミックに変化させるような実験を行うことはできません。ですから、自然の変動を利用して陸上生態系の応答についてのデータと知識を増やすことが重要です。そうして得られた知識に基づいて、将来地球が温暖化した場合に世界の森林による二酸化炭素吸収量は増えるのか、あるいは呼吸の増加や乾燥化のために減ってしまうのかをできるだけ正確に予測し、必要な対策をあらかじめ施すことが必要とされています。

地球規模の気象の変動をシグナルとして、将来の生態系の炭素循環の変化を予測しようとする研究や、広域での生物多様性の変化が生態系機能の変化にどのように結びつくかを明らかにしようとする研究が、これから数多く進展することを期待しています。

地球温暖化と温室効果ガス

「地球温暖化 (Global Warming)」とは、広い意味では、「地球表面付近の気温が長期的に上昇する現象」です。しかし最近では、20世紀以降の平均気温の上昇を指すときに使われることが多くなりました。

かつては、世界各地で観測されている気温の上昇は主に都市化の影響を受けたもので、必ずしも地球規模で平均気温が上昇しているわけではないという説もありました。しかし最近では、都市化の影響を補正した

知床のサケマスや鳥類、哺乳類、鯨類と恵みをもたらす流氷。アムール川流域の森林にその源があると考えられ、栄養物や有機炭素成分を運んでくる。温暖化は、こうした物質の流れにも影響を及ぼす可能性がある（撮影／安部晴恵）

平均気温が算出されるようになり、不確実性の幅を考慮しても地球表面付近の気温が現在上昇傾向にあることは確からしいという考え方が一般的になりました。

近年の気温上昇の原因としては、自然起源および人為起源のさまざまな要因が考えられます。そこで、世界各国の研究者らが、温室効果ガス濃度の増加、オゾン層の変化、火山噴火、太陽活動変化などの複数の要因を考慮した計算を複数の方法で行い、観測データと比較することによって、それぞれの要因と気温上昇の関係を調べました。その結果、人為起源による温室効果ガスの濃度上昇の影響を考慮しなければ、特に最近の数十年間の温度上昇を説明できないことがわかりました。

この結果を受けて、国際的な学術専門家でつくる機関であるIPCC（気候変動に関する政府間パネル）が、2007年に第4次評価報告書を発表しました。この中では、20世紀後半の温暖化の主因は温室効果ガス濃度の人為的な増加である可能性が非常に高いと結論づけられています。

（三枝伸子）

森林の水と物質の循環からわかる生態系の変化

著者紹介

大手 信人
（東京大学大学院農学生命科学研究科准教授）

森林の水と物質の循環を定量的に明らかにすることで、生態系の成り立ちと動態の仕組みを理解することを目標にフィールドワークを続けている。ここしばらく、湿潤な夏が、我が国の森林生態系の特徴を際立たせていることを主張している。

生態系のメンバーは、生きものだけではありません。生きものの命を支える水や空気、さまざまな物質も、重要な要素です。そんな物質の一つ、窒素に注目してみましょう。窒素は生命に必須の物質。でも現在、生態系への出入りは人間の活動によって大きく変化しています。その変化に、生態系はどのように対応しているのでしょう？

森林の水と物質の循環からわかる生態系の変化

水と養分がめぐる生態系

生態系とは、ある地域や空間に棲んでいるすべての生きものと、それらの生きものの生活にかかわる無機的なさまざまな環境要素からなり立っているシステムのことを指します。そうした生態系には、いろいろな経路を通じていろいろなモノが入ってきたり、それが系外にたまったり、またいろいろな経路を通って出ていったりします。

酸素と二酸化炭素の流れ

たとえば、森林という陸上の生態系を考えてみましょう。森で最も存在感を示す生きものといったら樹木でしょう。その樹木と、下草も含めた植物たちは光合成をして、大気中から二酸化炭素（CO_2）を吸収していますし、酸素を大気にはき出しています。これらの生きものの生活にかかわる水も、生きものが生活していれば、その影響を受けて複雑なダイナミクスを示します。生態系の物質循環は、はじめは場の無機的な条件に従って生じるのですが、その無機的条件に応じて生きものがすみつくと、生きものが生活することで環境そのものが変化することになります。すると、そこはさらに多様な生物がすむことができるようになったりします。こうして生物の多様性が高くなっていくと、その結果として物質循環の過程も複雑になります。

植物に蓄積された有機物の一部は、落ち葉や枯れ枝などとして地表面に落ち、虫やミミズや微生物たちによって分解され、しまいにはその中の炭素は二酸化炭素になって大気に戻っていきます。また、その一部は渓流の水とともに流れて行くこともあります。これもまた森林生態系からの流出ということになります。

物質の動きに注目

生態系という入れ物に、系の外からさまざまな物質が流れ込み、生きものどうしの間で受け渡されたり、貯留されたりし、再び系外にいろいろな経路を経て出て行く。この物質の動き（ダイナミクス）のことを私たちは「物質循環」と呼んでいます。物質のなかには、例えば水のように、生きものがすんでいなくても流れや貯留（たまること）が生じるものもあれば、生きものが生活しているがゆえに流れや貯留が生じるものもあります。また、原理的には生きものがいなくても流れや貯留が生じる水も、生きものが生活していれば、非常に多様で複雑で、調べつくすことはできないでしょう。そこで、それら生きものの生命現象の結果としての物質の流れと貯留をとらえることで、生態系全体の動きを把握しようというのが、物質循環論という考え方です。

どのような物質がどこからどこに移動した、どのような物質がどこにどれだけ蓄積されている、どのような物質がどこでどのような物質に変わった、ということを測る方法で、森林とそこから流れ出る川の生態系について、これまでにさまざまなことが明らかにされています。この章では、これまでの研究を紹介しながら、物質循環から見た森林生態系のダイナミクスについて紹介します。また、それが最近どのような変化をしているかということについても説明したいと思います。そのために、特に「窒素」という生態系にとって非常に重要な養分の循環をクローズアップしてお話しします。

物質循環で生態系をとらえる

ある生態系の特徴や、その時間的・空間的な変動の様子を調べて表現したい場合、さまざまな物質の移動量や形態の変化量を測定することがよくあります。生態系は多種多様な生きもので構成されているので、それぞれの生きもののふるまいや個体数の変化を測定するだけでは、系全体の動きや、環境変化などの刺激に対する反応が明らかにならないことがあるからです。しかも、その生態系で暮らすすべての種類の生きものの動態を把握することは不可能です

森と水、水と物質循環

日本は森のくにです。大きな樹木

いろいろな木から集めた樹幹流。液の色が異なっていて、成分がちがうことがわかる。

スギ　シラカシ　クヌギ→　林の外で集めた雨水

森に降る雨の一部は、樹木の幹を伝わって地面にしみていきます。その水（樹幹流といいます）を集めて調べてみると、森の外で集めた雨と水質がちがっていることがわかります。木の幹に触れたことで、水質が変わっているのです。また、その変化は、樹木の種類によってさまざまでした。

水は森林の血液

それでは、森林にとって水はどのような役割を果たしているのでしょうか。また、流れ出る水に森林はどのような影響を与えているのでしょうか。

水は森林生態系というカラダをめぐる血液のようなものです。養分やエネルギー（になる物質）を運んでさまざまな部位を流れます。そこにいる植物や動物や微生物は、水を使い、水によって運ばれてくる養分やエネルギーを使って生活し、生態系を維持します。つまり、森林生態系というカラダは、水を媒介とする物質循環によって成長したり、維持されたりしているのです。

森林にもたらされた雨水は、その水が渓流にいたるまでの間に、森林生態系を構成する植物や土壌などのさまざまな物質と接触しながら、量的・質的な変換を受けます。ですから、水の立場に立つと、森林は水に複雑な流れと滞留を与える場であり、水と接触することによってその水質を多様に変化させる物質の集合体であると考えることができます。森林の生態系では、水の流れや貯留は養分の循環としっかりと結びついています。生きものが水を欲するのと同時に、欲する養分を運ぶものとしてとても重要な役割を果たしています。それ故、水の流れ方、貯まり方が生態系の特徴や機能を左右することもしばしばあるのです。

窒素という養分の循環

水とともに生態系をめぐる養分のなかでも、窒素という養分を特に取り上げるのには理由がいくつかあります。第一に、窒素は生きものにとって最も重要な養分の一つだからです。生命現象にかかわるあらゆる生化学反応は酵素という物質のはたらきで進みます。酵素にはさまざまな種類がありますが、それらの多くはタンパク質でできています。そして、タンパク質をつくるのに欠かせない元素が窒素（N）です。ですから、あらゆる生きものがこの窒素という元素を必要とします。

たくさんあっても使えない

窒素は、身のまわりにたくさんある元素です。窒素ガス（N_2）は、体積比率で大気の約80％を占めているほどです。しかし興味深いことに、

また、日本は川のくにでもあります。豊かな降水は山地に深い谷をつくり、森林に急峻で清涼な渓流をつくり出します。いくつもの渓流は豊かな水量をもった川となり、人々の暮らしを潤し、農作物の恵みをもたらします。森は豊富な水によって成り立ち、森から流れ出る川の水によって人が生活しています。これは古代から現代まで変わりません。

が自然に成長するくらい暖かく、アジアモンスーンのおかげで十分に豊かな雨が降りそそぎます。わが国は、現代でも国土の約68％が森林でおおわれていますし、歴史的に人々は森と深くかかわって暮らしてきました。

森林の水と物質の循環からわかる生態系の変化

このようにたくさんある窒素が、陸上の生態系の中では不足しているといわれています。

野菜や果物を育てるときに、作物に肥料を与えますね。家庭菜園などで肥料を使っている方は、その成分を見てみてください。多くは「窒素肥料」と呼ばれるものだと思います。作物に窒素肥料を与えるのは、よく育って、大きな実りが欲しいからです。作物に利用できる窒素を与えると、与えないときより大きく育つということは、窒素が不足しているということなのです。それは、次のような理由によります。

大気中にたくさんある元素が、なぜ生態系の中で不足しているのでしょうか。実はこれは、窒素自体が足りないということではなく、養分として使える窒素が不足しているという状態にあります。実は生きものは、この状態の窒素をそのまま利用することはできません。生命活動に必須のタンパク質をつくるためには、この結合をエネルギーを使って切り、利用できる物質に作りかえなければなりません。このことを「窒素固定」と言います。ところが、窒素元素どうしの結合は非常に強く、結合を切ることができるのは、バクテリアなどのある限られた微生物だけです。そのため、生態系の生きものみんなが豊富に使える量の窒素はなかなかできないのです。

バクテリアなどの生物による窒素固定のことを「生物的窒素固定」といいますが、このほかにも雷の放電や紫外線のエネルギーで大気中の窒素ガスの結合が切れ、生きものが利用できる形になり、雨水にとけて地上にもたらされることもあります。しかし、この量もごくわずかです。あらゆる生きものが必要とする窒素は、自然条件ではなかなか利用可能な形では生態系に入ってこないのです。このことが、多くの陸上生態系でいつも「生きものが利用できる」窒素が不足しているという状態を生んだと考えられています。まったくの自然の条件の陸上生態系では、いつも「生きものが利用できる」窒素は不足していると考えてよいのです。

窒素ガスの分子は、2つの窒素原子がお互いに引き合って結合した状態にあります。実は生きものは、この状態の窒素をそのまま利用することはできません。

化学肥料が普及する以前、日本の田園地帯ではレンゲ畑が春の風物詩でした。田植えの前になると、レンゲソウを土の中にすきこみました。マメ科の植物であるレンゲソウが窒素固定する微生物と共生していることを利用して、イネを作付けする前に、田んぼに養分を加える肥料として使っていたのです。

図1　地球規模の窒素循環の変化 (Galloway and Cowling, 2002)
ギャロウェイらの論文をもとに、1890年（a）と（b）1990年を比較した。矢印の線の太さは、放出・吸収量の大きさを示す。
（b）では、化石燃料の燃焼による放出の増加、肥料の製造による吸収が大きく変化していることが読み取れる。

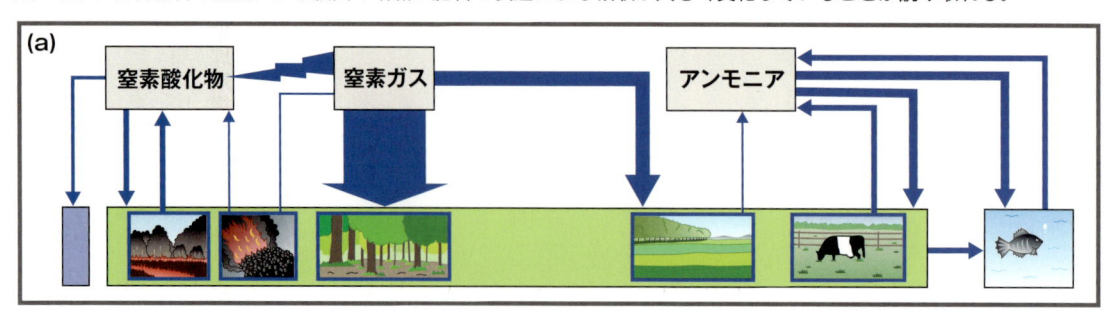

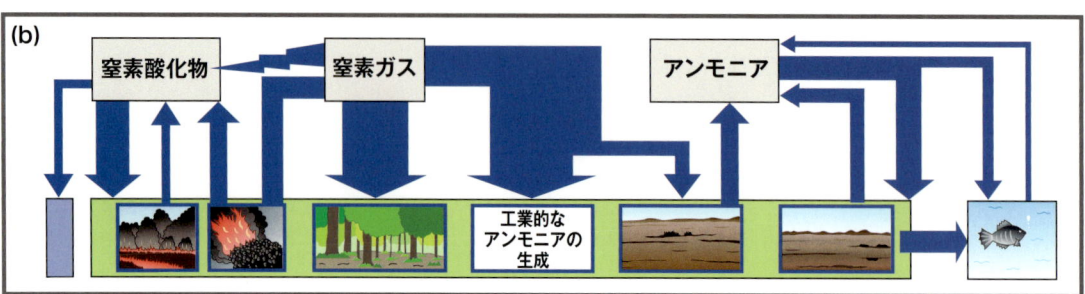

窒素の放出のうち「植生」からの部分には、農業活動や自然に生じる土壌からのガス態の窒素化合物の放出、落ち葉や薪などの生物燃料の燃焼、生物・農業廃棄物からの窒素化合物の放出を含みます。「農地」か らの部分は、農業活動や自然に生じる土壌からのガス態の窒素化合物の放出、生物燃料の燃焼、生物や農業廃棄物からの放出を含みます。「畜産」からは、畜産廃棄物からアンモニアが排出されます。

地球規模の窒素循環の変化

ところが、この状況が、この150年くらいの間に、大きく様変わりしたということを、一部の研究者が1990年代の後半から発表し始めました。しかも、非常に強い警告とともにです。米国の研究者であるギャロウェイらは、地球上の窒素循環を産業革命以前と以後でどのように変わったかということを推定し、次のようなことを述べています。

そしてもう一つ、産業革命以降、化石燃料の燃焼によって窒素の酸化物が大量に大気中に放出されてきました。自動車の排気ガスの中に窒素酸化物が含まれ、大気汚染の原因になっていることはよく知られていると思います。化石燃料にはふつう、エネルギー源となる炭素化合物のほかに窒素化合物も含まれていて、化石燃料が燃えると窒素酸化物が発生し、大気中に放出されます。そして窒素酸化物は、雨に溶けて地表に降ってきます。このことが、「生きものが利用できる」窒素を生態系に以前より多くもたらす要因となってきたのです。

ショッキングな事実

これら3つの人為的な窒素固定の総量は、バクテリアなどによる生物的窒素固定に匹敵すると考えられて つながりました。つまり、森林が伐採されて農地が増え、これによって農地への生物的窒素固定が増加しました。さらに、マメ類の生産の拡大も、農業による窒素固定量の増大に拍車をかけました。マメ類の植物の多くが窒素固定をする微生物と共生しているからです。

産業革命以前の大気から地上の生物圏への窒素固定は、上に述べたように微生物による生物的窒素固定しかありませんでした。しかし、産業革命以降、これに人為的な「窒素固定」が大量に加わってきたのです。

人為的な窒素固定

まず、肥料の製造です。20世紀の初めに実用化された、大気中の窒素ガスを用いてアンモニア（NH_3）を合成し肥料をつくる方法によって、人間は大気中の窒素ガスを「生きものが利用できる」窒素に、大量に変えてきました。また、産業革命は農業生産の効率化と農地面積の拡大にも

■ 森林の水と物質の循環からわかる生態系の変化

います（図1）。つまり、現代の地上では、人為的な窒素固定によって、自然状態の倍近い窒素固定が進んでいるということになります。

これは、かなりショッキングなことです。地球規模の大気中の二酸化炭素濃度の上昇と地球温暖化の問題は、今日一般によく知られるようになりましたが、この窒素の人為的な供給が過剰になっていることは、それに劣らず重大な問題を抱えているということかもしれません。

湖や沼の富栄養化

次にもうすこし、私たちの生活に身近なところに引き寄せて、窒素循環の重要性を考えてみましょう。

私たちも生きものですから窒素循環の中に生きています。生きものに利用可能な窒素（主にタンパク質ですが）を食べ物から取り込み、不要な窒素を排泄します。そこで、下水には窒素を含む有機物や無機化合物などが含まれます。今日のわが国では、各地の自治体で下水は高度の処理が行われ、これらの窒素が水系に流れることを最小限にする努力が行われています。つまり、こうした河川水中の窒素は、水資源を保全する立場からは汚濁物質として考えられているわけです。

これは高濃度の溶存窒素が人間にとって毒性があるからですが、河川や湖沼などの水系にもたらされた過剰な窒素が、水棲生態系にも大きな攪乱をもたらすことはいろいろな研究から示されています。

それは「富栄養化」として一般にも知られている現象です。過剰な窒素の供給が引き金となって、特に湖沼などで特定の種類の藻類が過剰に増えて、溶存酸素の不足が生じたり、藻類によって毒性のある有機物が作られたりするなどの、種々の問題が生じます。これも、上に述べた自然な状態では養分としての窒素が足りないような原因で過剰な窒素が供給されることが、大きな原因の一つとなっています。

以上のように、窒素という養分の循環は、自然な陸上の生態系にとって最も重要な機能であることと同時に、今日、非常に強い人為的な改変を受けつつあるのです。これらのことが、窒素循環に注目すべき理由です。

森林の窒素循環

それでは、再び森林の窒素循環を見てみましょう。

水溶性の窒素化合物は他のいろいろな養分とともに、森林から渓流を通ってに流出していく。この量を正確に把握するためには、写真のようなダムをつかって水量を観測し、水の中のそうした溶存物質の濃度を頻繁に測定しなければならない。
（提供／京都大学森林水文学研究室）

図2は、森林生態系における窒素の流れと貯留のようすを描いた模式図です。生態系には、生物的窒素固定と大気降下物という、二つの経路で窒素が流入してきます。逆に生態系から窒素が出て行くプロセスは、水に溶けた窒素化合物が地下水を経て渓流に流出したり、微生物によってガス化されて大気に戻ったりします。しかし、生態系内での窒素の流れと貯留を最も特徴づけてるのは、「内部循環」というメカニズムです。

生態系内でリサイクル

植物は、土壌中にある利用可能な窒素（多くの場合無機物として水に溶けている窒素化合物）を、根から吸収して体内でアミノ酸を合成し、タンパク質をつくり成長します。こうしてつくった葉や枝などにもタンパク質が含まれますが、やがて枯れると、地面に落ち、土壌の浅いところでさまざまな土壌動物や微生物によって分解されます。そして最終的には、細かくなった有機物から、再び無機態の窒素化合物が作られ、再び植物や微生物によって利用されま

図2 森林生態系の窒素循環

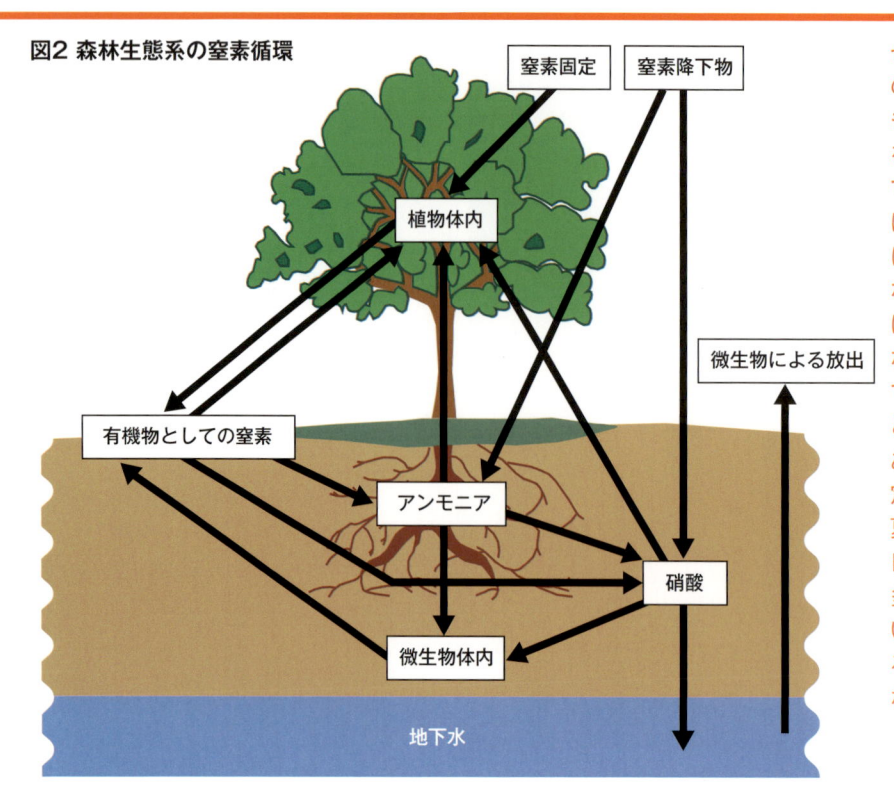

図中ラベル：窒素固定／窒素降下物／植物体内／有機物としての窒素／アンモニア／硝酸／微生物体内／微生物による放出／地下水

せっかく利用できるものになっていたとしても、流出してしまう窒素を生物が利用することはできません。流出があれば、窒素はさらに、生物にとって「豊富」でなくなってしまいます。森林は降水量の多いところでなければ成り立たないので、森林の窒素には雨とともに流出する分が必ずあります。生物的窒素固定は生物の活動が活発な夏に多く行われますが、日本はこの夏に降水量が多くなるので、そうでない気象条件の場所に比べると、ロスはよけい多くなると考えられます。

図3 アメリカ北東部のハッバードブルック実験林における窒素循環と収支
(Bormann *et al*., 1977より作図)

それぞれの要素が、1ヘクタールあたり何キログラムの窒素を貯留・放出するかを示した図です。たとえば植物体内には532 kgが貯留され、植物は落葉落枝などとして54 kgを放出します。この森林には、1年間に、大気降下物として7 kg、微生物による窒素固定によって14.2 kgが外部から供給され、土壌から4 kgが流出しています。微生物による放出は測定されていません。

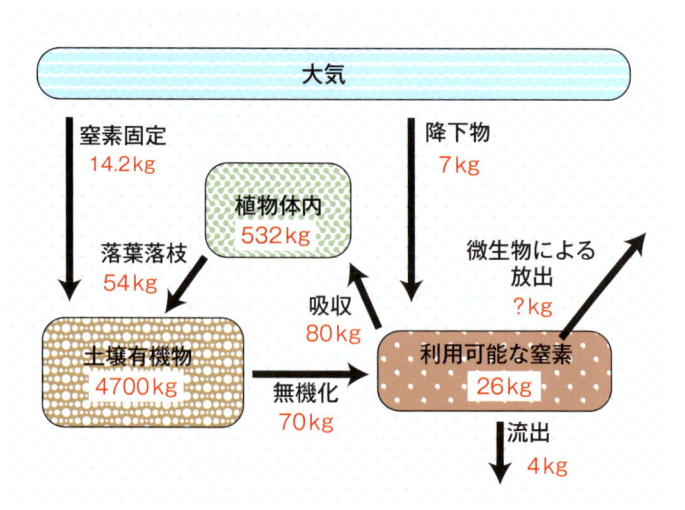

図中ラベル：大気／窒素固定 14.2kg／降下物 7kg／植物体内 532kg／落葉落枝 54kg／吸収 80kg／微生物による放出 ?kg／土壌有機物 4700kg／無機化 70kg／利用可能な窒素 26kg／流出 4kg

窒素の使われ方

図3は、北東アメリカの冷温帯にある、比較的自然に近い落葉広葉樹林の窒素の蓄積量と循環量の観測結果を示したものです。植物そのものや土壌中の有機物、生きものに利用可能な形態の窒素化合物などが、森林生態系における窒素の貯留としてよく表現されています。こうした概念図は物質循環の実態を把握するためによく使われるもので、「コンパートメントモデル」と呼ばれます。この場合の「コンパートメント」は「貯留」を意味しています。

この図から、この森林生態系では、土壌の鉱物や有機物などに結びついて最も多くの窒素が蓄積されていることがわかります。植物体としてある窒素の量は、それよりひと桁小さく、植物に吸収されうる「利用可能な窒素の再利用サイクルが形成されているのです。

このことは、自然状態の生態系に供給される利用可能な形態の窒素は少なく、生きものの活動には常に不足しがちであるということと符合しています。生態系のなかに効率的な窒素の再利用サイクルが形成されているのです。

■ 森林の水と物質の循環からわかる生態系の変化

対する影響はいろいろな面で注目されています。

1980年代の後半から、森林の「窒素飽和」という現象に関する報告が、北東アメリカやヨーロッパの諸国から行われるようになりました。窒素飽和が生じている森林では、多くの場合、森林が必要とする量以上の窒素が大気降下物として供給されることによって、供給量に匹敵する流出がみられると報告されています。つまり、もうそれ以上の窒素を必要としない森林では、さらに供給されても、供給された量だけ流出させてしまう、という状態なのです。

例えば、ヨーロッパを中心とした森林における調査で、年間に1ヘクタールあたり10キログラム以上の無機態の窒素が降下物として供給されている地域で、窒素の流出量が明らかに増大していることが示されています。我が国でも、関東平野の縁辺部で、同様に硝酸という無機化合物の形での窒素（硝酸態窒素）の流出濃度の高い森林集水域があることがわかっています。

こうした窒素飽和現象の目に見

な窒素」の量は、それよりさらにひと桁小さいことがわかります。

一方、コンパートメント間を行き来する窒素の量を1年間に行き来する窒素の量を1ヘクタールあたりで見てみると、植物が「利用可能な窒素」を年間に80キログラムを吸収し、落ち葉などとして54キログラムの窒素を土壌に戻しています。土壌の有機物からつくられる「利用可能な」窒素は年間70キログラムです。つまり、土壌と植物のコンパートメントの間でやりとりされる窒素の量は、利用可能な窒分コンパートメントに蓄積されている窒素の量よりもずっと多く、つくられた利用可能な窒素は片端から植物に利用されていることがわかります。

また、もうひとつ特徴的なことは、生態系内部で循環している窒素の流れは、大気から降下物として供給される窒素の流入量に比べて何倍も大きいということです。

増えすぎた窒素のゆくえ

さきほど、産業革命以降、地球規模で大気からの人為的な窒素の固定量が増加していて、自然生態系に及ぼす影響が懸念されていることを紹介しました。とりわけ森林生態系に

多すぎる窒素は流出する？

る現象の背後で、どのようなメカニズムがはたらいているのかについては、最近の15年間、森林における物質循環研究の主要な課題の一つとなってきました。図4は、北東アメリカの典型的な落葉広葉樹林を対象に、森林内部の生きもの（特に植物）の窒素の要求量と窒素降下物のバランスが、降下物量の増大に従ってどのように変化し、それが渓流に流出

大気からの窒素化合物のインプットが増大する以外にも、植物の枯死など森林の攪乱が原因となって流出する窒素が増大することがある。写真はマツノザイセンチュウによって引き起こされるマツ枯れによる攪乱の様子。このとき、それ以前の数十倍の濃度の硝酸が渓流に流出した（滋賀県、桐生試験地、章末のホームページを参照）。（提供／京都大学森林水文学研究室）

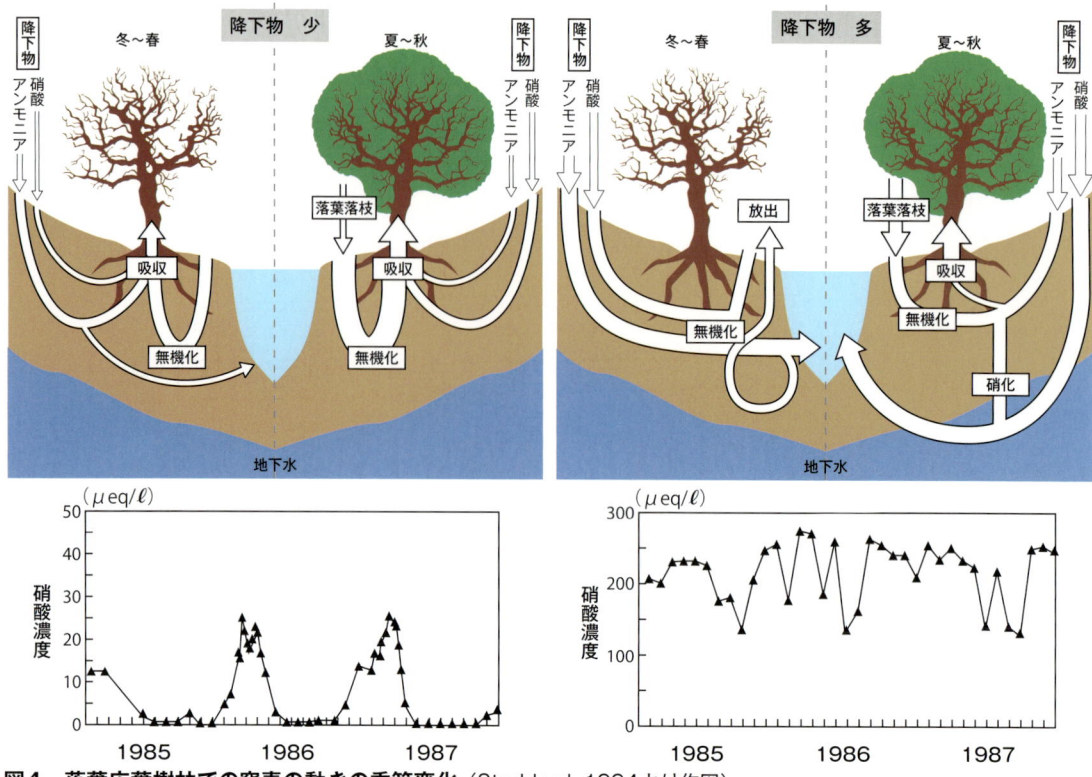

図4　落葉広葉樹林での窒素の動きの季節変化（Stoddard, 1994より作図）

大気降下物による無機態窒素の供給が少ない場合、成長期の夏～秋では土壌中の窒素は樹木による吸収で消費され、渓流には流出しません。成長休止期の冬～春にはわずかに渓流に流出する。一方窒素の大気降下物量が多い場合は、常に流入量が植物が必要とする量を上回り、余った窒素が硝酸の形態で渓流に流出していく。

する窒素濃度にどのような影響を与えていくかを示しています。

森林の渓流に土壌から流出していく窒素（硝酸）は、窒素の降下物が少なく自然な状態の森林では、冬から春にわずかに流出し、植物の成長期である夏には流出しません。これは、植物による窒素の利用が活発になり、土壌中に流出すべき窒素が少なくなること、夏には蒸散活動も活発になって植物がたくさんの水分を吸い上げるため、土壌中の水や地下水が減少し、土壌中の溶存物質が渓流まで運ばれにくくなるからであると説明されます。

大気降下物による窒素の供給が増大し、窒素飽和に達すると、夏にも余剰な窒素が土壌から渓流に流出するようになり、渓流水中の硝酸濃度の季節変動が小さくなってきます。

それと同時に、季節を通じての硝酸濃度のレベルが高くなります。これは、植物や微生物が生態系の窒素循環を維持するのに必要とする量以上の窒素が、利用されずに系外に流出していくという現象であるとみることができます。

図3で見たように、自然条件の森林生態系では、不足する窒素を効率的に利用するしくみを働かせていました。しかし、大気降下物などとして利用可能な窒素の供給が急に増加したからといって、大きくこの仕組みを変えることはなく、必要でない過剰な窒素を、水系を通じて排出しているように見えるのです。つまり、窒素供給が増えたからといって森林の成長量が増えるわけではないようです。森林の事情は、農作物に窒素肥料を与えると収量を増やすことが

> **安定同位体**
>
> 同じ種類であっても、原子核のなかの中性子の数が異なるものが含まれている原子がいくつか知られています。酸素原子もその一つです。中性子数が通常と異なる原子を「同位体」といい、さらにそのうち放射線を発しないものを安定同位体とよびます。また、ある物質中の、通常の原子と同位体の割合を「同位対比」といいます。
>
> 酸素や炭素など、生命現象に重要な役割を果たす元素の同位体比を測定することで、化合物の形態が生態系内で変化するときのしくみが明らかになることがあります。同位体比の測定は、今後新しい技術が取り入れられて、新しい指標の把握に利用できる可能性を秘めています。今後、土壌中で起きている物質循環の謎を解く強力なツールになることは間違いありません。

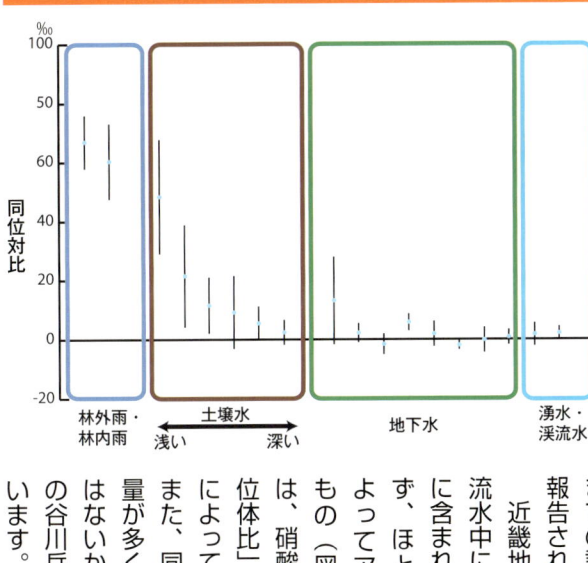

■ 森林の水と物質の循環からわかる生態系の変化

図5　滋賀県大津市の森林の、いろいろな水の中の硝酸の酸素同位体比
同じ硝酸でも、降水中のそれの酸素の安定同位体比は高く、土壌中で微生物がアンモニアを材料につくる硝酸の酸素同位体比は0に近い。土壌の浅いところでは降ってきた硝酸と土壌中でできた硝酸が混合している。しかし、地下水に入ると、ほとんどが土壌でできた硝酸ばかりになっている。

降下物による窒素の流入が多い森林では、外見的にはその窒素は肥料の役目を果たさず、呼応して流出量が増えている事例が多いといえます。これは、渓流への窒素の流出増加という意味では問題ではありますが、森林生態系そのものはなんら大きなダメージを受けていないかのように思えます。しかしながら、これまでの調査では、そうではない例が報告されています。

近畿地方のある森林流域では、渓流水中に含まれる硝酸には、降水中に含まれていた硝酸は含まれておらず、ほとんどが土壌中で微生物によってアンモニアからつくられたもの（図4）だったのです。これは、硝酸に含まれる酸素の「安定同位体比」という指標を測定することによってわかったことです（図5）。

また、同様の現象が、窒素の降下量が多く、窒素飽和状態にあるのではないかと考えられている関東北部の谷川岳付近の渓流水でも見られています。

作り替えて流出させる

できるのとは事情はまったく同じとはいえないようです。

つまりこれは、森林は見かけ上は必要以上の窒素を流出させているように見えても、実はいらない分を使わずに素通りさせているのではなく、いったんは何らかの形で生態系内のどこかにとりこみ、代わりに有機物が分解してできたアンモニアと、土壌中の酸素を原料につくられた硝酸を流出させているということです。これは非常に不思議なことです。

この土壌中にとどまっている期間は、窒素の過剰な供給があっても、渓流への流出は少ないままです。ですから、見かけ上は森林が水質浄化効果を発揮している状態になります。しかし、これはあくまで「見かけ上」のことです。実際には、この間に、生物に利用可能な形に貯留された窒素が土壌中にどんどん貯留され、微生物のはたらきにも大きな影響を与えていると考えられます。このような状態になった森林では、土壌中の窒素循環はぎりぎりの状態にあり、流出が生じる一歩手前の状態になっていると考えられます。

こうした窒素飽和状態の進行に関する研究は、これまで北米やヨーロッパを中心に進められてきました。我が国の研究はあまり多くないのですが、これから重要になる仮題といえるでしょう。

森林への影響は？

その理由についての一つの解釈は、降下物として入ってきた窒素は、植物には取り込まれなくても、土壌中の微生物たちにとりこまれ利用されているというものです。図2に示したように、土壌中には微生物によるリサイクルの経路があり、ここに降下物由来の窒素の取り込みが行われることが考えられます。つまり、森林への過剰な窒素の流入に対しては、樹木などの成長量にはっきりとした変化が見られなくても、土壌中の微生物のはたらきによる窒素循環の改変が生じることが考えられるのです。たとえば、生態系に急に過剰な窒素が流入した場合にも、この

地球規模での影響は？

また一方で、地球規模で増加した大気降下物による窒素の負荷が陸上

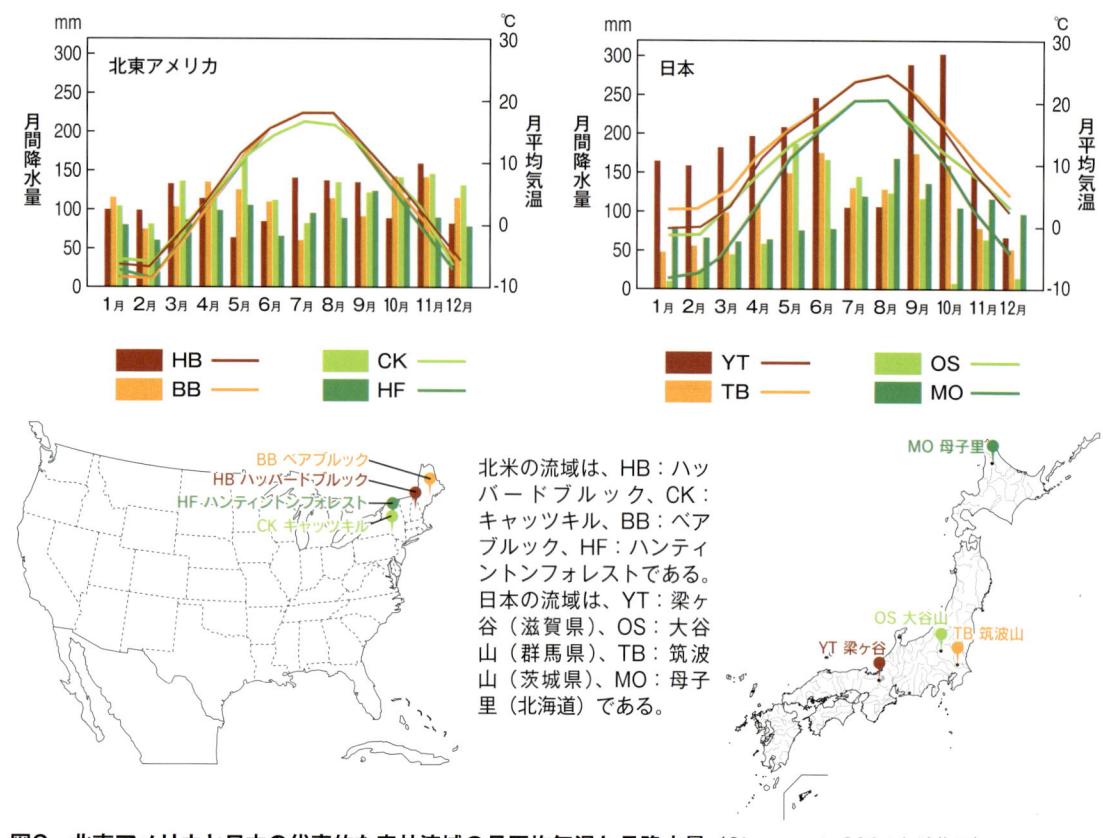

図6　北東アメリカと日本の代表的な森林流域の月平均気温と月降水量（Ohte et al., 2001より作図）

北米の流域は、HB：ハッバードブルック、CK：キャッツキル、BB：ベアブルック、HF：ハンティントンフォレストである。日本の流域は、YT：梁ヶ谷（滋賀県）、OS：大谷山（群馬県）、TB：筑波山（茨城県）、MO：母子里（北海道）である。

生態系へどのような影響を及ぼすかについて、大きなスケールでの変化に関しては近年活発に研究が進むようになってきました。こうした研究のなかには、短期的には陸上の光合成量が増大し、炭素の蓄積が増えたと推定している研究もあります。しかし、現実には大気中の二酸化炭素濃度の増加やそれによる温暖化などが複合して生じていて、それらの効果とどのように作用するのかなど、メカニズムの解明は一筋縄ではありません。大きなコンピューターを使ったシミュレーションなど、総合的な検討が必要となる課題で、温暖化の影響予測のともに、今まさに新しい研究動向が注目される研究分野といえます。

日本の森林と水、窒素

森林生態系の窒素飽和現象は、我が国では関東平野の北辺の地域などですでに報告されています。しかしながら、同じ温帯の森林でも、北米やヨーロッパの森林と、日本の森林における窒素の流出のメカニズムには大きな違いがあることを述べておきたいと思います。

図6は、上で紹介した北東アメリ

カの気候条件と、私たちの日本の気候条件を比べています。このグラフから、日本は北米の例と違い、植物の成長期である夏季に降水量が多いことがわかります。これはいうまでもなくアジアモンスーンの影響ですが、この気候条件が森林生態系における窒素の形態変化や移動・流出に特徴的な季節変動を与えていると考えられます。

水の役割

日本の森林では、渓流水中の硝酸濃度は、北米の森林のような夏の低下があまり起こりません。どちらの森林でも最も利用しやすい窒素である硝酸は、やはり微生物の活動も活発になる夏に土壌中で生産されます。日本の場合、その時期に多くの雨が降るので、土壌をさかんに水が通過し、地下水や渓流水に硝酸が運ばれてしまいます。この結果、成長期の植物もさかんに吸収しているのもかかわらず、渓流水中の硝酸濃度が夏に高まることがあるのです。これに対し北米の森林では、夏の土壌は比較的乾燥気味になるので、硝酸は土壌中でうまくどどまり、植物や微生物も効率よく利用できてい

■ 森林の水と物質の循環からわかる生態系の変化

るというように考えられます。このことは、窒素循環という生きものの循環は特徴的ですし、東アジアにすむ私たちにとってはとても重要な自然の特徴です。これから明らかにしなければならないプロセスもたくさん残っています。

夏季に降水量の多い温帯森林の物質活動による養分の循環のしくみに、水の移動という物理的なプロセスが色濃く影響を与えていることを示しています。特に日本のように、植物の成長期である夏に水移動が活発になる森林では、その影響ははっきりとあらわれます。

夏に水の移動が活発になるという特徴は、世界の温帯のなかでは比較的珍しいといえます。夏に多雨をもたらすモンスーン気候がある温帯地域は、日本のほかには、南米の大西洋岸の中緯度地帯、アフリカのやはりインド洋側の中緯度地帯などにしかありません。つまり、同じ温帯の森林でも降水量の季節性が地理的な違いで養分の循環量にも大きな違いが生じることがあり、人為的な窒素循環の攪乱の影響もそれによって変わってくることに注意しなければなりません。

しかし、温帯森林の物質循環に関する研究では、降水量の季節性があまりない西岸海洋性気候か、冬に降水量の多い地中海性気候に属する北米やヨーロッパの事例が圧倒的に多数を占めます。モンスーンによって

夏に水の移動が活発になる森林生態系は巧妙な窒素循環というメカニズムで自分の生命システムを維持しています。窒素を再利用する内部循環系は非常に効率的で、窒素の系外への流出を抑えるために役立ってきました。そして、大気降下物による窒素の流入と渓流への流出も、水の流入（降水）と流出とによって、内部の窒素量がコントロールされています。

そうしたしくみがあるがゆえに、現代の人間生活に地理的に近い森林では、生きものにとって利用可能な窒素化合物がかつてない量で流れているということができます。このことはつまり、森林からかつてない量の窒素化合物が流れ出てきている地域もあるということを意味しています。窒素循環が人為的な原因で攪乱されるという問題は、窒素が森林の

動植物にとっては、本来的には非常に重要な養分物質であるがゆえに複雑さをはらんでいるといえるかもしれません。ある程度の広さをもった森林生態系の物質循環を測定するフィールドワークは、1人の研究者でできるものではなく、多くの研究者が協力しながら進めています。私も多くの研究仲間と協力し合いながら、いくつかの場所でフィールドワークを行っています。森林の物質循環に興味を持っていただいた方は、左にあげるホームページを見てみてください。私たちの研究の雰囲気をのぞいていただけると思います。また、今後も新しい研究成果などの紹介も続ける予定です。

長期研究の意義

ここまでお話ししてきたように、森林生態系は巧妙な窒素循環というメカニズムで自分の生命システムを維持しています。窒素を再利用する内部循環系は非常に効率的で、窒素の系外への流出を抑えるために役立ってきました。そして、大気降下物による窒素の流入と渓流への流出も、水の流入（降水）と流出とによって、内部の窒素量がコントロールされています。

物質循環のシステムが受ける攪乱に対し、土壌中でなにが起こり、生態系全体としてどのような変容が生じるのかに関する研究は、これまでの蓄積があるとは言っても、図5で紹介したような土壌微生物の機能と窒素の循環量の変動との関係などについては、まだまだ明らかにされていないことが多いのです。こうした観測や観察が重要な知見をもたらします。

この章でお話ししてきた研究は、「森林生態学」という分野のもので

研究仲間として：

「森林生態系の物質の動態」（徳地直子（京都大学））
http://fserc.kyoto-u.ac.jp/main/staff/tokuchi.htm

「同位体技術による生態系生態学・生態系生物学」（木庭啓介（東京農工大））
http://ecosystems.lab.tuat.ac.jp/Researches.html

「良質な水の源としての森林―森林生態系の成長を左右する物質循環」（筆者（東京大学））
http://sabo.fr.a.u-tokyo.ac.jp/persons/ohte/nobu1/saito/one_research.html

研究サイトとして：

「桐生水文試験地」（京都大学森林水文学研究室）
http://www.bluemoon.kais.kyoto-u.ac.jp/kiryu/contents.html

「袋山沢対照流域法プロジェクト」（東京大学森林理水・砂防工学研究室）
http://sabo.fr.a.u-tokyo.ac.jp/misc/FUKURO/Fukuro_Top.htm

そのほか、日本には、生態系に関する様々なモニタリングを長期に行っているフィールドサイトのネットワークとして、日本長期生態学研究ネットワーク（Japan Long-Term Ecological Research network, JaLTER）という活動があります。
http://www.jalter.org/

用語解説

生物の目録づくり

海や山で生き物を見つけ、図鑑をみて名前や生態がわかると、ワクワクします。図鑑は、生物の身近な目録です。このように「知りたい」という好奇心を満たすことは目録の重要な役割ですが、他にも重要な役割があります。

人間は、生きものを利用しないと生きられません。たとえば、私たちは生きものを食糧として利用しています。その生きものが、他の生きものを食べたり、すみ場所として利用していることがあります。また、生きものはさまざまな物質を循環させ環境をつくっています。生きものはこうして、さまざまなつながりをつくっています。ですから私たちは、生きものをつながりあったシステムとして理解しなくてはなりません。

このようなシステムを健全に保ち利用するためには、生きものをどれくらい利用して良いのかを知る必要があります。そのためには、どのような生きものが、いつ、どこに、どれだけいて、どのような機能を持っているかを知らなくてはなりません。このような情報を集めたものが「生

湾内に発達する藻場は、海の生きものの産卵場所や、また卵からかえったばかりの幼生が育つ場として重要であり、海の生物多様性を守るうえで注意深く調べる必要がある（撮影／峯水亮）

物の目録」です。

その第一歩となるのは、「どのような生き物がいるのか」の目録です。この目録には、正しい生き物の名前が必要です。

「いつ、どこ」の目録づくりでは、GPS（測位システム）を使って正確に緯度、経度などが計れるようになりました。

生きものの「機能」とは、例えば何を食べているか、どのような物質を持っているのかなど、さまざまな性質のことです。これらの情報を集め目録にすることは一筋縄ではいきませんが、分子生物学の進歩などにより、遺伝子から機能を推定できるようになってきました。

IT技術の進歩は、「生物の目録」を効果的に使えるデータベースを生み出しています。また、地球環境がどのように変化してゆくのかというシミュレーションもさかんに行われています。「生物の目録」と環境変化の両方を合わせると、現在だけでなく、将来、生き物の種類、生息場所、量がどのように変わるのか、そして、人類はどれくらい生き物を利用できるのかを解析できるでしょう。

（藤倉克則）

海洋の生物多様性の全体像に迫る

地球の表面の7割を占め，しかも1万メートルを超える深さに至る巨大な空間、海。この海の生物多様性をとらえようという研究が、世界の研究者の手によって進められています。そして，日本近海には世界トップクラスの豊かな生物種がいることがわかってきました．また，海洋生物の全体像に迫るために，深海の長期観測研究も取り組まれています。

■ 海洋の生物多様性の全体像に迫る

著者紹介

藤倉 克則
(海洋研究開発機構
海洋・極限環境生物圏領域
チームリーダー)
深海生物の生態研究をつうじて、生物の分布や量がどのように決まるのかを明らかにしたいと思っている。ここ数年は、国際プロジェクト「海洋生物のセンサス」の日本推進チームの代表も務めている。
(写真はサンプル用のイカを釣っているところ)

「アイスアルジー」と呼ばれる植物プランクトンが付着して、薄黄色く見える流氷の底。こうした低温でも増殖できる植物プランクトンが、北の海の生態系を支えている(撮影／峯水亮)

南の海に発達するサンゴ礁（撮影／峯水亮）

「海は広いな大きいな」と歌にもあるように、海は生物を育む広大な場所です。海は、地球上で最も広大な生物が生息する場所です。海の生物と人とのかかわりは、食糧、医薬品、水質浄化、物質を循環させる機能、レジャーや観光といったことからも大きいことは間違いありません。では、海の生物の機能を理解するにはどのようにすればよいでしょうか。そのためには、どのような生物が、いつ、どこにいて、どのような生活をしていて、どのような機能をもっているかを知る必要があります。

日本は四方を海に囲まれ、古くから海を利用してきた海洋国家ですから、海の生物多様性や生態系が変化すると、いろいろな影響を受けると考えられます。しかし、海は陸に比べ人の生活圏から離れているために調査は困難です。特に、海のほとんどを占める外洋や深海の生物を調査するためには、大型調査船などが必要です。そのため、そこにすむ生物の情報は極めて少ないといっていいでしょう。

そこで、世界中の研究者が協力しながら海の生物多様性を知ろうとい

流氷の海を航行する漁船（撮影／峯水亮）

流氷の下に生育するコンブ（撮影／峯水亮）

■ 海洋の生物多様性の全体像に迫る

浅海に成立する藻場は、海の生きものの子どもが育つ場として重要な環境（撮影／峯水亮）

海洋生物の調査

CoMLは、海洋生物の過去・現在を知り、将来どうなるのかを予測することを目的にした国際プロジェクトネットワークです。このプロジェクトは2000年にスタートし、世界約80か国から約2000人の研究者が参加しています。海洋生物研究者は、海で、いつ、

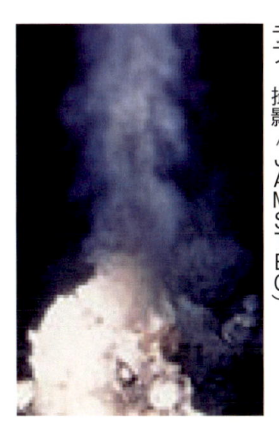

う目的で、約10年前に国際プロジェクトネットワーク「海洋生物のセンサス（CoML）」が立ち上がりました。ここでは、CoMLの取り組み、日本のCoMLの取り組みからわかった日本近海の豊かさ、そして深海生物研究について紹介したいと思います。

深海の熱水噴出孔。300℃を超える熱水には硫化水素やさまざまな元素が溶け込んでいる。小笠原諸島周辺や沖縄トラフには、熱水噴出域が多数ある（沖縄トラフ　撮影／JAMSTEC）

クジラの骨のまわりに集まるコシオリエビのなかま。深海に沈んだクジラの死体の周辺には、特殊な生態系がある（小笠原諸島海域　撮影／JAMSTEC）

地熱で温められた熱水が噴出する熱水噴出孔。火山の活動が活発な地域の海底でよく見られる（沖縄トラフ　撮影／JAMSTEC）

巨大なイトマキエイ（マンタ）が泳ぐ南の海（撮影／峯水亮）

どこに、どんな種類が、どれだけ分布しているのかを知りたいと思っています。しかし、海は巨大な生物圏で、生物の種数・量とも莫大であるため、その答えを得ることは不可能だと思っていました。CoMLは、世界の研究者ネットワークの力でそれが夢ではなく現実的になってきたことを示したプロジェクトです。

まず、過去の海洋生物の多様性を知るために、CoMLは古いデータを集めました。科学文献だけではなく、市場の取り引きリスト、レストランのメニュー、釣り雑誌なども参照しました。そして、例えば1900年頃から1950年頃までは、北欧でもクロマグロがさかんにとれていたのに、1960年以降は壊滅的になったことがわかってきました。

CoMLはまた、現在の海洋生物の多様性を知るために、海の浅い場所から深海までの代表的な生息域からデータを集積しています。それには、沿岸、サンゴ礁、湾、中・深層、南極・北極、海山、中央海嶺、縁辺海、深海平原が含まれます。深海の海底火山、メタン湧水、クジラの死骸域といった特殊な生態系（化学合成生態系）もターゲットになっています。また、生物に発信器を取り付け人工衛星で追跡することや、遺伝子データをバーコーディング化するなど、最新の方法を取り入れながら海にいる海洋生物データを集積しています。

CoMLのデータベース

CoMLによって集められた海洋生物の名前（学名）や生息場所のデータは莫大なものになりますから、CoMLはデータを集めるデータベース「OBIS」を作りました。OBISには、生物の名前、分布情報というシンプルなデータだけでも登録できます。こうして、OBISはCoML以外の調査データやほかのデータベースからもデータを受け入れ、今では約12万種の生物と、その分布情報3000万件が集まっています。現在、知られている海洋生物の総種数は約25万種ですから、OBISはそのだいたい半分をカバーする巨大なデータベースになっているのです。

データが多くなると、海を広い視点から解析できるようになります。

海洋の生物多様性の全体像に迫る

図1　全海洋における種類の多さ（種多様性）。赤い場所ほど種類が多く、青い場所は少ない。図はOBIS提供。

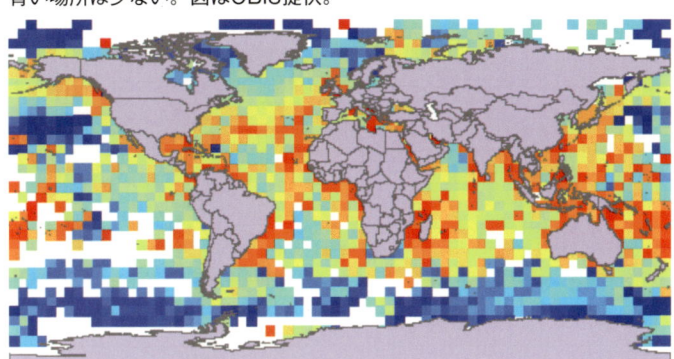

図2　OBISに集積されているデータの多さ。A: すべてのデータ。B: 水深2500mより深い場所のデータ。赤い場所ほどデータ量が多い。白い場所はデータのないところ。

図1は、世界の海のどのあたりに多くの種類がいるか（種多様性が高いか）を示したものです。赤い場所ほど種類が多いことを示していて、赤道域を中心に多くの種類がいることがわかります。

OBISにはデータがたくさん登録されている場所と少ない場所のギャップがあります。図2AはOBISに登録されているデータの量ですが、外洋域のデータが少ないことがわかります。図2Bは、水深2500メートル以深のデータです。深海域のデータはまだまだ少ないことがひと目でわかります。

OBISは、これまでCoMLが管理していましたが、2010年にCoMLの第1期が終了したあと、ユネスコ傘下で管理されます。これにより、OBISのデータは永続的に、世界中の研究者などが利用できるようになります。

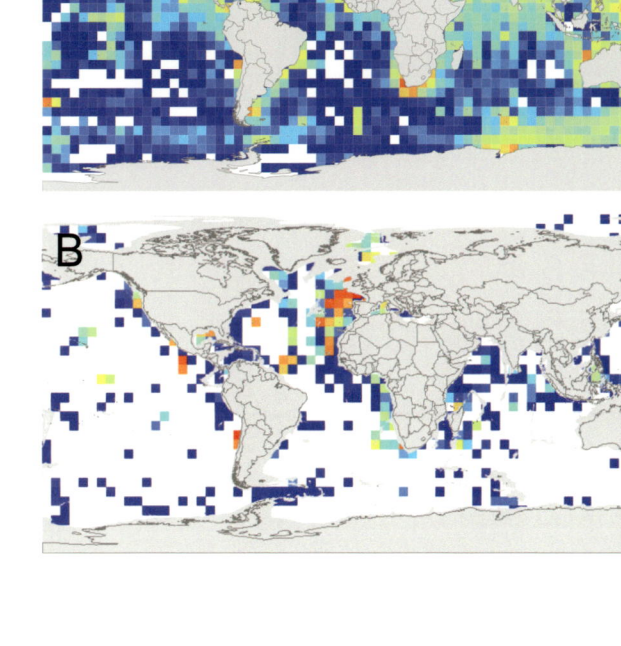

日本近海のデータ

OBISには、日本近海の4000種の生物データが収録されています。あとで述べるように、日本近海には3万3629種の海洋生物が知られていますから、OBISには日本のデータが十分収録されているとはいえません。

OBISは、それぞれの国や地域のデータを管理する「ノード」と呼ばれる基地を管理する「ノード」と呼ばれる基地を求めます。ノードは、それぞれの場所から情報を集めてOBISにデータを送る役割も担います。日本には、海洋生物の多様性や分布を集積するデータベースがなかったために、OBISのノードもありませんでした。しかし最近、海洋研究開発機構にBISMaL（ビスマル）というデータベースが作られ、日本近海の生物データを集積できるようになりました。そして、国内の研究者や研究機関がOBISの日本ノードをつくり、BISMaLからOBISへデータをシェアできるようになりました。これで、全海洋の生物多様性や生態系にかかわる解析をする場合、日本近海の解析結果がより正しいものになるでしょう。

日本近海の多様性を調べる

CoMLでは、参加各国の海洋生物の種類の豊富さを解析することになっています。そこで私たちは、日本の排他的経済水域より内側（近海、日本の沿岸から約370キロ

表　日本近海における海洋生物の出現種数、未報告種数、推定種数、外来種数の概要

ドメイン	分類群の名前 界		出現種数	未報告種数	推定種数	外来種数
アーキア			9	-	9	-
バクテリア			843	1	844	-
真核生物	クロミスタ	褐藻植物	304	-	304	1
		他のクロミスタ界	943		943	
	植物	緑藻植物	248		248	1
		紅藻植物	898		898	0
		被子植物	44	-	44	0
		他の植物界	5	-	5	-
	原生生物	渦鞭毛藻	470	-	470	0
		顆粒根足虫	2,321	490	2,811	0
		他の原生生物界	1,410	104	1,514	0
	真菌		367	-	367	
	動物	海綿動物	745	540	1,285	0
		刺胞動物	1,876	350	2,226	1
		軟体動物	8,658	1,180	9,838	11
		環形動物	1,076	-	1,076	10
		節足動物	6,393	1,677	8,070	10
		棘皮動物	1,052		1,052	0
		脊索動物	4,330	326	4,656	2
		ほかの動物	1,637	117,245	118,882	2
	真核生物の小計		25,767	121,318	147,085	39
総計			33,629	121,913	155,542	39

メートルの範囲）に何種類の生物がいるか、分類学的な記載が行われていない（学名がついていない）種類や正式な分布記録がない種類（未報告種）がどれくらいあるか、日本近海にだけいる種類（固有種）はどれくらいか、外国域から人によって日本近海に持ち込まれた種（外来種）はどれくらいかについて調べました。

豊かな日本の海

日本近海の総種類数は、バクテリアから哺乳類まであわせると、少なくとも3万3629種になることがわかりました。日本の排他的経済水域より内側の容積は地球上の全海洋のわずか0・9%です。今知られている全海洋の生物種数は25万種ですから、日本近海には、全海洋生物種数の約60%を占めることになります。これらの種類数が多くなった理由の一つは、この3門は食料として重要な種類をたくさん含んでいること、大型で採集しやすいことから「よく研究されている」からです。小さな生物を多く含むグループ、例えば真菌類、線形動物門に含まれる種類については、研究者も少なくあまり分類学・生態学データがほとんどありません。この調査で、日本近海に出現する生物門のうち、比較的よくデータがある門が22、データが不十

の生物グループの比較から、これまでも日本近海の種類は豊かであるといわれていましたが、生物全体的にみても日本近海が豊かな生物をはぐくむ場所であることが、この調査からわかりました。

多かったグループは

日本近海で最も多かったグループ（門）は、巻き貝・二枚貝・イカなどを含む軟体動物門で8658種、2番目がエビ・カニを含む節足動物門で6393種、3番目が魚類・哺乳類を含む脊索動物門で4430種でした（表）。この3つの門だけで、日本近海の全海洋生物種数の約60%を占めることになります。これらの種類数が多くなった理由の一つは、この3門は食料として重要な種類をたくさん含んでいること、大型で採集しやすいことから「よく研究されている」からです。小さな生物を多く含むグループ、例えば真菌類、線形動物門に含まれる種類については、研究者も少なくあまり分類学・生態学データがほとんどありません。この調査で、日本近海に出現する生物門のうち、比較的よくデータがある門が22、データが不十

同じような調査は、世界の25海域で行われました。これら25海域のうちでも、種数では日本が最も多く、2番目はオーストラリア近海の3万2897種でした。いくつか

■ 海洋の生物多様性の全体像に迫る

相模湾。この水面の下1170メートルの海底に観測ステーションがある（撮影／峯水亮）

次に「これから記録される予測種数（未報告種数）」は、少なくとも12万1913種になり、これと3万3629種を合わせた15万5542種が、現在日本近海に生息している生物の総種数になります。未報告の12万1913種のうち、最も多くの未報告種を含んでいる門が線形動物門（センチュウのなかま）です。現在報告されている種は70種ですが、未報告種は11万5010種に上ることがわかりました。

日本近海にだけいる種類（固有種）は1872種になりました。多くの固有種を含むグループは、顆粒根足虫門（有孔虫など。南の海辺のおみやげ星砂は有孔虫の殻）の383種、脊索動物門（魚や哺乳類など）の358種、軟体動物門（巻き貝や二枚貝など）の286種です。海洋生物の多くは、泳いだり、水中をただよったりします。海底などにくっついている生物でも、子ども（幼生）や卵では水中をただよいます。つまり、海洋生物は水の中を広く移動できますから、特定の場所にしかいない種類は少ないと考えられます。

外来種は39種います。主な内訳は、軟体動物門から11種、環形動物門（ゴカイなど）・節足動物門からそれぞれ10種と多くなっています。外来種は、船に運搬されたり、水産物の放流にまざったりして侵入します。日本はいろいろなものを船で輸入していますから、日本から他の地域へ外来種を放出することにも注意が必要です。

深海生物の不思議な生態系

海の水深200メートル以深を深海と呼びます。地球表面の70％が海で、その平均水深は3800メートルですから、深海は大きな生物圏です。この広大な生物圏での生物のふるまいを理解しなくては、海洋生態系の全体像は見えてきません。しかし、深海を調査するには大型の装置が必要ですが、そのような装置は世界に数多くありません。日本は、大型海洋研究船、有人潜水調査船、無人探査機といった深海生物を調査するための装置を持った数少ない国です。

それでも、全深海を調査することは相当な時間と労力が必要です。現在は、集中的に調査する場所を決めて、そこで起こっている深海の現象を研究し、ほかの深海域の現象を推測しています。

日本で最も深海生物のデータが集まっているのは相模湾でしょう。相模湾の水深1170メートルには、世界初の深海長期観測ステーションが1994年に設置され、現在も動いています。相模湾の海底には活断層があり、この観測ステーションは地震観測のために設置されたのですが、地震計のほかに、TVカメラ、温度計、流向流速計なども

シシャモ（本ししゃも）は日本固有種の一つ（撮影／峯水亮）

組み込まれていて、深海生物の長期モニタリングにも使えます。この観測ステーションで明らかになった、深海生物の特性について紹介します。

化学合成生態系

相模湾の深海底には、活断層にそってメタンや硫化水素が湧き出し、「化学合成生態系」とよばれる特殊な生態系が成立しています。

生態系には、栄養物を合成する生産者、それを利用する消費者、生物の遺骸などを利用する分解者が存在します。陸上生態系の生産者が、太陽の光をエネルギー源にして光合成を行う植物であることはよく知られていますが、メタンや硫化水素が存在する深海底では、これらをエネルギー源とする微生物がその役割を果たしています。

化学合成生態系のメンバーである深海の底生動物は、その地域に独特の生物の種類であることが多く、またその生物量（バイオマス）も非常に多いのです。生物量は1平方メートルあたりの生物重量で示しますが、熱帯雨林では1平方メートルあたり45kgです。そして、化学合成生態系の生

深海の生きものたち

暗くて高圧な深海にも、驚くほど多様な生きものが生活している。海洋研究開発機構（JAMSTEC）が撮影した画像から、深海の生きものを紹介する（　）内は撮影地域

▶クラゲのなかま

ムラサキカムリクラゲ（小笠原諸島周辺海域）

▶サンゴのなかま

ウミハネウチワ属の一種（小笠原諸島周辺海域）

▶イソギンチャクのなかま

熱水噴出域にいるユアミイソギンチャク属の一種（インド洋中央海嶺）

▶貝のなかま

ヘイトウシンカイヒバリガイ。シロウリガイと同じく、バクテリアと共生する（沖縄トラフ）

▶ヒドロ虫のなかま

オトヒメノハナガサ（千島海溝）

■ 海洋の生物多様性の全体像に迫る

浅海に発達する藻場（撮影／峯水亮）

物量は、多いところでは1平方メートルあたりで20kgを超えています。これは、生産者である植物が育たない深海であることを考えると、非常に大きな値といえます。

このように興味深い特徴を持つ化学合成生態系はさらに、構成する生物の栄枯盛衰が地震地殻活動とも関係が深いと考えられています。そこで、私たちは深海長期観測ステーションを使ってモニタリングを行っているのです。

シロウリガイ集団のモニタリング

硫化水素をエネルギー源とする化学合成生態系の生産者であるバクテリアは、シロウリガイという二枚貝のエラの細胞の中にも共生しています。二枚貝類はふつう、エラで水中の微生物や生物遺骸などの細かい粒子をこし取ってえさにしていますが、シロウリガイ類は、この共生バクテリアが合成した栄養をもらっていて、えさはとりません。深海長期観測ステーションは、シロウリガイ類の集団を観察できるように設置されています。

長期モニタリングを行うことで、シロウリガイ類がどのように繁殖するか、少しずつわかってきました。シロウリガイ類は雌雄異体ですが、体外受精で繁殖します。集団の雌雄は同じタイミングで卵と精子を水中に放出し、放卵放精のタイミングをどのように合わせるのかわかりませんでした。そこで、シロウリガイ類を1年以上観察したところ、水温が0.2℃上がるとオスが精子を放出し、流速が遅くなって水中に精子の濃度が高くなるとメスが放卵することがわかってきました（図4）。シロウリガイ類は、わずかな温度差を感じて最大限に受精効率を高め、季節性を感じとりにくい環境で子孫を残す

▶ カイメンのなかま

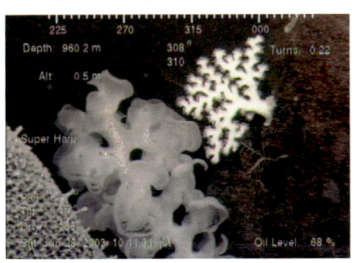

キヌアミカイメン属の一種（小笠原諸島周辺海域）

▶ ナマコのなかま

ユメナマコ（ジャワ島周辺海域）

▶ ハオリムシのなかま

アレイズハオリムシ属の一種。口も消化器官も持たず、バクテリアと共生する（相模湾）

▶ タコ・イカのなかま

ジュウモンジダコ属の一種（マリアナ諸島中部海域）

テナガタコイカ。触腕2本を欠くため脚が8本で、「タコイカ」の名がついた（日本海中央部）

ホタルイカ。食用で知られるが、200〜600メートルの深さに生息する深海生物の一つ（駿河湾）

ことに成功しています。

このような長期モニタリングは、深海生物の生態と環境の観測に役立ちます。しかし、世界中の深海に長期観測ステーションを設置することは、コスト面でも技術面でも現実的ではありません。

現在、海洋物理観測には「ARGOフロート」という装置が使われています。これは水深0〜1000メートルの間を自動的に沈んだり浮いたりする観測装置で、世界中の海に約3000個あります。これに、生物を観察できるカメラなどを取り付けられると、外洋から水深1000メートルまでのデータを集めることができます。

陸上の生物に関する情報は、人工衛星でかなりの情報が集められるようになってきました。しかし海については、人工衛星で観測できるのは海岸付近や表面だけです。水中から深海底まで広く観測できる技術は、深海生物の研究を大きく進めることになるでしょう。

図3　相模湾の水深850mにあるシマイシロウリガイとシロウリガイの集団（撮影／JAMSTEC）

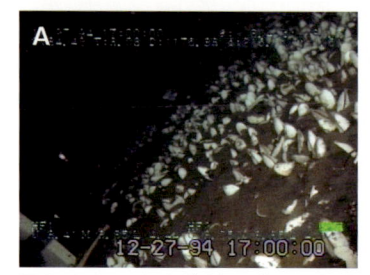

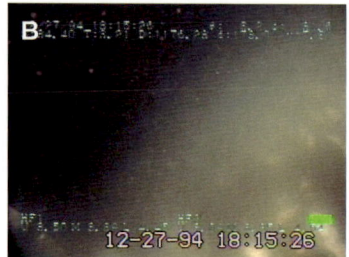

図4　A: シロウリガイ類の集団。放精前。B: 集団で放精。水中が白濁する（撮影／JAMSTEC）

シロウリガイを食べるエゾイバラガニ（撮影／JAMSTEC）

深海の生きもの

▶エビ・カニのなかま

ベニズワイガニ（北海道西方沖）

ヒカリチヒロエビ（相模湾）

▶ウニのなかま

ナマハゲフクロウニ（駿河湾）

■ 海洋の生物多様性の全体像に迫る

おわりに

ここでは、海の生物多様性にかかわる国際的な取り組み、日本近海の種多様性、長期モニタリングによる深海生物研究について紹介してきました。CoMLは、国際ネットワークで取り組むことで、海の生物多様性や生態系研究が大きく進むこと、調査データをきちんと集め管理することの重要性を示しました。日本近海の種多様性は、世界有数に豊かであることが分かりました。深海の生物研究には、技術開発が必要であることを述べました。

日本は古くから食料を海に求めてきたため、諸外国に比べ海洋生物のデータは多くあります。また、日本では、現在も水産研究機関、独立行政法人、大学などで海洋生物研究に取り組んでおり、海洋研究船や深海調査船も保有する数少ない国です。人は地球上の生物を利用して生きています。今、私たちにせまっている生物多様性問題は、人がそれぞれの生物が地球上で果たしている役割を十分理解せずに利用や開発を進めていることにあります。

生物多様性の低下をくいとめ、逆に回復につなげていくためには、生物の生態についての理解は不可欠です。そうした点からも、ここでお話ししたような研究を継続することは大切です。そして、今の私たちが海洋生物研究をしっかり進めることはもちろんのこと、50年後、100年後の研究に役立つデータを残すことが重要なのです。

CoLMのウェブサイト
英語：http://www.coml.org/
日本語：http://www.jamstec.go.jp/jcoml/
CoLMの成果や海の生物の写真・動画などを閲覧することができます。

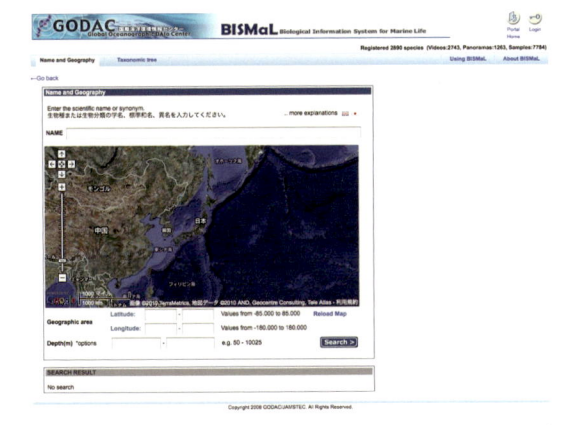

BISMaLのウェブサイト
http://www.godac.jp/bismal/
学名や和名から、発見された場所などを調べることができます。

▶魚のなかま

ヌタウナギ科の一種（先島群島周辺海域）

ハナグロフサアンコウ（相模湾）

キチジ（相模湾）

用語解説

海洋酸性化

地球温暖化は、海洋にもさまざまな環境変動を引き起こすと考えられています。たとえば、海水温や海面の上昇、台風などの低気圧の勢力の巨大化にともなう物理的攪乱の増加、集中豪雨の増加による陸からの淡水や土砂の流入などが同時に進行して、海洋生態系に複雑な影響を与えるおそれがあります。

その中でも特に心配される影響の1つとして、「海洋酸性化」の問題があります。これは、二酸化炭素濃度の上昇にともなう海水成分の変化のことを示します。

大気中の二酸化炭素濃度は、産業革命以前（1750年頃）よりも確実に上昇していて、今後もさらに増加すると予想されています。大気中に排出された二酸化炭素の約3分の1は海洋に吸収されるので、海水中の溶存二酸化炭素濃度も増加しています。二酸化炭素は海水に溶けると水素イオンを放出するため、海水のpHが低下します。

pHは酸性度のことで、数値が低いほど酸性が強いことを示します。現在の海水の平均pHは8.1で弱アルカリ性ですが、すでに産業革命のころと比べると、0.1減少しています。今後21世紀末までにさらに0.1～0.4減少することが予想されています。ただし、pH＝7が「中性」ですから、実際に海水が酸性になるわけではありません。海水がアルカリ性から酸性側に近づく現象を「海洋酸性化」と呼んでいるわけです。

海洋酸性化の影響を最も深刻に受

サンゴが海水中のミネラルを取り込んでつくった骨格でできたサンゴ礁には、多様な海の生きものがみられる。海洋酸性化が進むと、サンゴの骨格ができにくくなり、サンゴ礁、ひいては海の環境に栄養を及ぼす可能性が高い（撮影／峯水亮）

けるのは、サンゴや貝類などに代表される炭酸カルシウムの殻や骨格をもっている生物、すなわち石灰化を行う生物です。海水中のpHが低下すると、炭酸カルシウムの結晶が溶けやすくなります。そのため、これらの生物は、殻や骨格をつくるためのエネルギーを使わなければならなくなったり、うまく成長できなくなったりします。海水の二酸化炭素濃度を人為的に操作した水槽実験で、石灰化を行うさまざまな生物で、成長率や生存率が低下することが、実際に確かめられています。

海洋酸性化によって石灰化を行う生物が減少すると、海洋生態系はどのように変化するでしょうか？　単純に考えると石灰化を行わない生物（例えば、クラゲやホヤなど）が相対的に有利になり、生物群集の構成が変化することが予想されます。しかし、最初にも述べたとおり、水温や海水面、攪乱の強さなど、さまざまな環境変化が同時に進行するため、簡単な予測は成り立ちません。複雑な生態系の変化を理解するために、今後のさらなる研究の進展が望まれます。

（仲岡雅裕）

海鳥の目からみた海洋変化

海鳥のくらしから海の環境を知る

著者紹介

綿貫 豊
（北海道大学水産科学院）

1959年長野生まれ。1988年より1993年まで、国立極地研究所助手として昭和基地でアデリーペンギンの調査を行う。1994年北海道大学農学研究科助手、助教授を経て、2003年より同大学水産科学研究院准教授。専門は動物の行動生態および海洋生態。受2009年太平洋海鳥グループ特別功労賞、2009年日本生態学会大島賞を受賞。

水面上で見ることのできる唯一の海洋生物、海鳥。海の食物連鎖の上位に位置するかれらは、目の届きにくい海の中の環境変化をいち早く教えてくれます。海鳥の観察からわかった海の環境変化と、深刻化する地球環境変動の把握とその影響を予測するための、海鳥観察の可能性を紹介します。

フェリーに乗ったとき、白いカモメ類が何羽も数珠つなぎに海面に浮いているのに気がつくことがあります。それに沿って、泡や空き缶、流木などのごみが浮いていることもよくあります。よく見るとそこを境に海の色や波の立ち方が急に変わっています。これが"潮目"と呼ばれる、海洋において重要な景観です。

潮目は海流の境目の目印で、海鳥は、海面上からわれわれが容易に見える唯一の海洋生物です。そして、最近急速に進んでいる海の変化を教えてくれます。ここでは、海鳥とはどのような生きものか、海洋の変化を探るうえで海鳥がなぜよい指標になるのか、地球温暖化が海洋生態系に与える影響を海鳥から探ることは可能か、について紹介します。

陸上と同様、海洋生態系も複雑な食物連鎖からなり立っています。その連鎖の一部である、有用魚種を持続可能なやり方でしかも海洋生態系を大きく変えることなく利用し続けるには、海洋生態系の変化をいち早く知り、またそれを予測する必要があります。そのため海鳥を使うことに、どういった利点があるのでしょうか。

海鳥とは

世界における海鳥の種類数は350種程度で、鳥類全体（約9000種類）の4％にすぎませんが、多様な4つのグループ（目）を含み、南極から北極まで世界中の海に分布しています（図1）。海鳥は海洋生態系の高次捕食者であり、かなりの量の餌を消費しています。世界中にどの種類がいるのか、何を食べているかといった地道な研究から、世界には7億個体の海鳥がいて、年に7000万トンの魚・オキアミ・イカを消費していることがわかりました。人間による漁

高次捕食者（こうじほしょくしゃ）

生態系のなかには、光エネルギーを利用して有機物をつくる生産者（植物）とそれを利用する消費者（動物）、生産者と消費者の遺骸を無機物に分解する分解者がいます。消費者の中には、植物を食べて有機物を直接取り込むする動物と、植物から直接ではなく、植物を食べた生物を食べる動物がいます。後者のような動物食の消費者を「高次捕食者」とよびます。海洋生態系の高次捕食者は、動物プランクトン、オキアミ類、魚類、イカ類などの消費者を食べるグループである、海鳥や海生哺乳類、捕食性の魚類などです。

■ 地球環境と生態系の長期変動を明らかにする

図1　海鳥とよばれる鳥類

海鳥には、ペンギン目、ミズナギドリ目、ペリカン目、チドリ目の4つの目が含まれます。

1 ペンギン目のヒゲペンギン（撮影／髙橋晃周）。ペンギン目は1科17種からなり、うち8種は南極・亜南極に繁殖します。体重が1.2 kgのコガタペンギンから30 kgのコウテイペンギンまでがいて、海鳥のなかでは比較的体重の大きいグループです。

2 ミズナギドリ目のアカアシミズナギドリ（撮影／倉沢康大）。ミズナギドリ目は体重2 kg以上のアホウドリ科（21種）、0.4～4 kgのミズナギドリ科（79種）、0.1～0.2 kgのモグリウミツバメ科（4種）、0.1 kg以下のウミツバメ科（21種）といった幅広いサイズにまたがる多様な科を含み、大部分の種が南半球に繁殖します。

3 ペリカン目のヨーロッパヒメウ（撮影／伊藤元裕）。チドリ目のうち、海鳥にはいるのはトウゾクカモメ科、カモメ科、ハサミアジサシ科、ウミスズメ科です。トウゾクカモメ科は、北極圏から北極に2種、亜南極から南極に2種が繁殖します。カモメ科には体重0.2～1.5 kgのカモメ亜科（50種）と体重0.1～0.2 kg程度と小型のアジサシ亜科（45種）が含まれ、カモメ亜科は主に北極圏から北半球温帯域に繁殖し、アジサシ亜科は南半球や熱帯・亜熱帯域に相対的に多くの種が分布しています。

4 チドリ目のウミオウム（撮影／髙橋晃周）。ペリカン目は、ペリカン科（7種）、ウ科（36種）、カツオドリ科（10種）、ネッタイチョウ科（3種）、グンカンドリ科（5種）を含みます。ウ科は体重1～3 kgで、主に亜南極から南半球温帯域、熱帯・亜熱帯域に繁殖します。

表1　世界主要な漁場での年間捕食量（Bax, 1991）

高次捕食者のタイプ	年間捕食量 (t/km²)
マグロ・ヒラメなど	5.1～56.4
クジラ・アザラシなど	0.0～5.4
海鳥	0.0～2.0
人間	1.4～6.1

獲量は年間9000万トンといわれていますから、人類の10分の1の数の海鳥が、人類と同じくらいの海洋生物を消費しているわけです。

ほかにも重要な高次の捕食者がいます。クジラ・アザラシなどの海生哺乳類、マグロ・カツオやヒラメなどの大型の捕食性魚類、それと人間です。世界の主要な漁場での1平方キロメートルあたりの年間消費量は、捕食性大型魚類、クジラ・アザラシ、そして海鳥の順になります（表1）。こうした場所では、人間によ

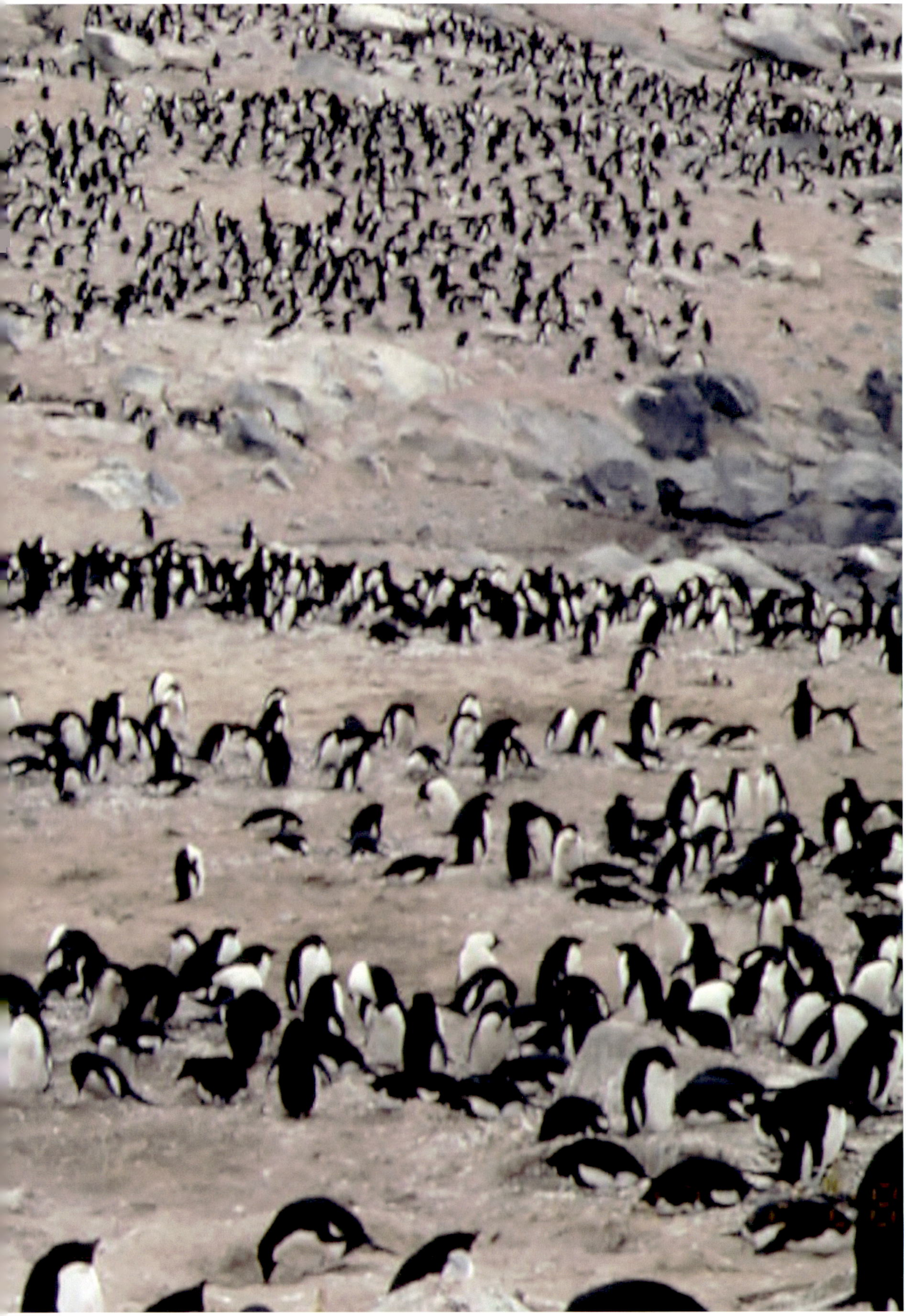

■ 地球環境と生態系の長期変動を明らかにする

図2　オーストラリア基地のアデリーペンギン（撮影／筆者）
地球上に何羽の海鳥がいるのか、それを調べるのは他の生物種に比べると簡単です。毎年決まった孤島などで集団繁殖するからです。ちなみに南極大陸にはアデリーペンギンは260万つがいが繁殖し、1000万個体の非繁殖鳥がいると推定されています。

図3　海鳥とそのえさとなる海洋生物
海鳥は多様な海洋生物を食べています。
1 多獲性の青魚であるイカナゴを、雛に与えるためにくわえてきたニシツノメドリ北海ではイカナゴは商業的大規模漁業のターゲットでもあります（撮影／高橋晃周）
2 ミズナギドリ目やミツユビカモメ類などのえさになるハダカイワシ（撮影／谷全尚樹）
3 ミズナギドリ目のえさになる小型のテカギイカ（撮影／谷全尚樹）

いろいろなえさを食べる

一口に「海鳥」と言っても、その種類はさまざまです。そして、種類によって食べるえさも異なります（図3）。小型のウミスズメ科は動物プランクトンを専門に食べます。アホウドリのなかまのようにもっぱらイカ類を食べる種類もいます。そしてペンギン、ウミガラス、カモメ、カツオドリのなかまは、海洋生態系の「かぎ種」といわれる、オキアミ類、イワシ類、ハダカイワシ類を食べています。実は、こうしたいろいろなえさをとるいろいろな海鳥がいるということが、環境の変化をとらえるうえでとても重要な意味を持ちます。

海鳥のえさになるいろいろな生物は、それぞれの間でも、食う一食われるの関係にあります。海鳥もそのえさも、海洋の食物連鎖のメンバーなのです。そのため、海鳥の餌を毎年続けて調べると、ある範囲では海洋生物群集の大きな変化をとらえることが可能です。かれらの姿を通じて、海洋環境・生態系の変化を知ることができるのではないでしょうか。

海鳥はすぐれた海洋環境変化の指標

わたしたちは、海洋をさまざまな形で利用してきました。その結果、マグロなど捕食性大型魚類の減少、PCBやプラスチックなどの海洋汚染、そのほか生物多様性の減少といった問題が発生しています。こういった捕食性大型魚類の減少（捕鯨がひきおこしたクジラ類の激減も含みます）は、海の食物連鎖において高次捕食者が減ることを意味します。このことは、かれらがえさとして利用している生物の増加にもつながりかねません。しかし、先に述べたとおり、海洋生態系の変化を知る調査は困難です。そこで、海鳥に期待がかかります。

海鳥はえさのすべてを海洋から得ています。しかも海面上から見えるので、海洋生物のなかでは最も観察しやすい対象です。かれらの姿を通じて、海洋環境・生態系の変化を知ることができるのではないでしょうか。

る漁獲量もかなりのものになります（表1）。

源として、漁獲物の水揚げ量をまとめた漁獲統計というものがあります海洋の生物の変化をとらえる情報

■ 地球環境と生態系の長期変動を明らかにする

これは、海洋生態系の研究にも有効に活用されていますが、この統計からわかるのは漁業対象物の種類の変化で、漁業対象外の獲物の情報を知ることはできません。また、継続的な漁業が行われていないため、漁獲統計がない海域も多いのです。

世界中の海の海洋生物の多様性の変化を実際に調べるには、たいへんな費用と労力がかかります。しかし、調査船や衛星を使った研究に比べると、島で海鳥の数を数え、餌や繁殖のよしあしを調べることは、比較的容易に、そしてかなり安価に行えます。例えば、長期航海可能な調査船の5日分程度の燃料費と同じ費用で、1つの島の海鳥調査を1シーズン行うことができます。このことは、さまざまな海洋生物を食べる海鳥を海洋生態系の総合的なモニターのひとつとして使う第1の利点といえます。

汚染物質を蓄積する

第2に、海鳥は海洋中の汚染物質の良い指標となります。海水中のPCBや重金属などの汚染物質の濃度はごく低く、これを検出するのはたいへんなんです。海鳥はこれら汚染物質を生物濃縮によって高濃度に蓄積しています（図4）。そのため、海鳥の体組織を調べれば海洋汚染の度合いが容易にわかります。

プラスチック生産量は加速度的に増加しており、きちんと処理されない分は最終的には海に入り、海の表面に浮いています。これらが海流や風によってある狭い場所に集められます。しかしその場所は、船を使った海洋調査では十分にとらえきれないことがあります。海鳥はプラスチックが集まる場所、つまりプランクトンなどかれらにとってのえさが表面に集まりやすい場所をよく知っていて、そこでえさをとります。そのとき、プラスチックをえさと一緒に食べてしまいます。実際に、調査船によるサンプリングで海洋中からプラスチックが見つかるより10年ほど前、1960年代初めにミズナギドリ目などの胃からプラスチック片が見つかっています。これが、わたしたちにいち早く海洋プラスチック汚染の危険性を教えてくれたのです（図5）。

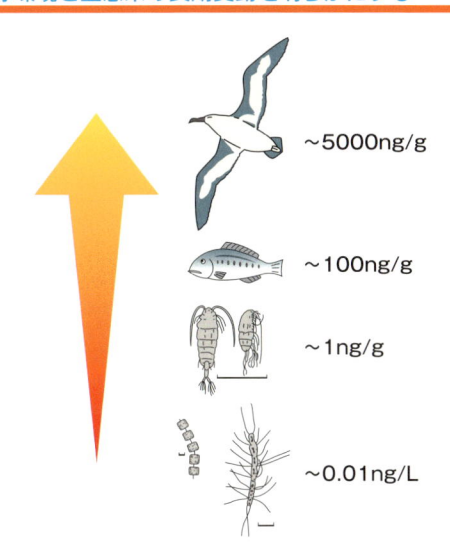

図4　食物網と生物濃縮（作図／山下麗）
生物のからだの中の物質の濃度は、その物質が生物のからだの中から排出されにくい場合、生物がくらしている環境で見られる濃度より高くなります。このとき、食物連鎖の段階を上がるにつれて、体内での物質の濃度の高い食べものをとることになるために、高次捕食者ほど体内の物質濃度は高くなっていきます。

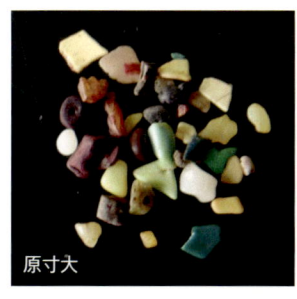

~5000ng/g
~100ng/g
~1ng/g
~0.01ng/L

図5　ハシボソミズナギドリとプラスチック片
ミズナギドリ類（右）は海洋表面に浮遊するさまざまなプラスチック類を呑み込んでしまうため、その胃の中からは多量のプラスチック片が見つかることがあります（右）

撮影／
ハシボソミズナギドリ：倉沢康大
プラスチック片：山下麗

原寸大

図6　オオミズナギドリの行動範囲
　　　　　　　　　（Yamamoto *et al.*, 2010）

光を記録する超小型データロガーを足輪に付けることで、その個体がいた場所の日出日の入り時刻がわかります。それによって、誤差100km程度で毎日2回、足輪をつけた個体の位置を1年にわたり推定できます。この技術によって推定されたオオミズナギドリの越冬地と繁殖期における採食場所を示します。

（オオミズナギドリ撮影／筆者）

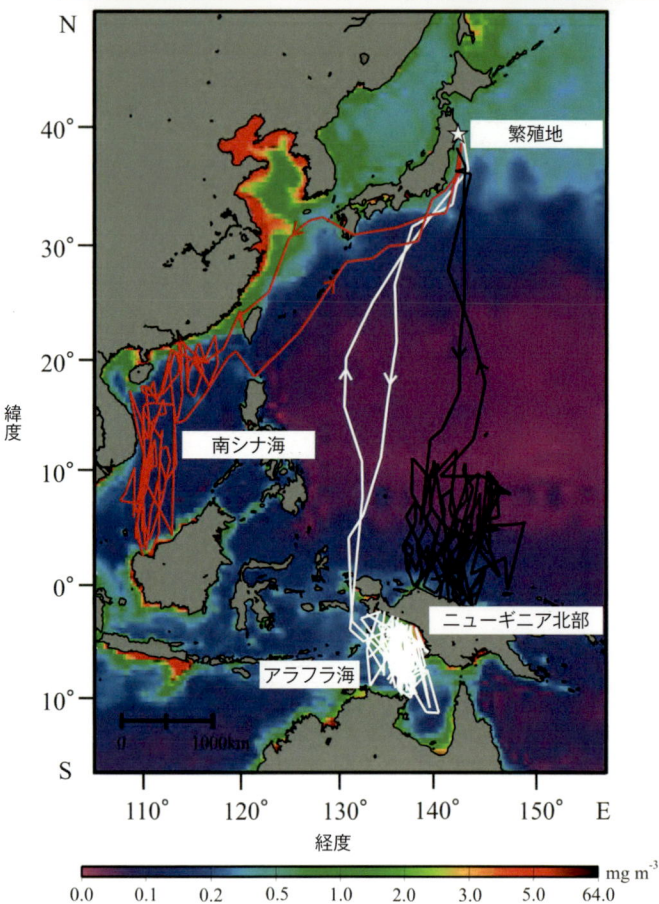

「ホットスポット」を見つけ出す

海の中には、生物がまんべんなくいるわけではありません。島周辺や深海からそびえたつ海山、海底の熱水噴出地域などのように、生物の密度や多様性が特に高い場所があります。こうした場所をホットスポットといいます。ホットスポットは生物多様性を保全するうえで重要な場所なので、監視を継続する必要があります。ところが、海洋生物の分布をすべて調べるのはとてもたいへんです。とくに外洋ではそうです。

しかし、海鳥は海の上から見ることができます。海鳥が指標としてすぐれている3つ目の理由は、かれらが海上の広範囲を高速で移動し、良いえさ場、つまり生物活動が活発なホットスポットを探し出してくれることにあります。現在では、海鳥に衛星対応発信機やGPS装置、光

を記録するデータロガーなどの機器を背負ってもらい、その移動の記録を得る技術が開発されています。この「バイオロギング」という技術により、海鳥の海上での詳細な移動を明らかにできるようになってきています（図6）。

ウトウの繁殖と気象

海の環境指標としてすぐれている海鳥の特性を生かして、気候変化が海洋生態系に与える影響を簡便に知ることができます。

私たちは、北海道の日本海に浮かぶ天売島で、ウトウというウミスズメ科の海鳥のえさと繁殖生態のモニタリングを、1984年から20年以上続けています。ここでの調査から、その例をあげましょう。

繁殖生態

ウトウは体重500〜600グラムの海鳥で、地面に穴を掘って巣をつくります。3月に島に来て、4月に産卵し、5月中旬から8月初めまで子育てをします。昼は海にいて潜水をくりかえし、深度10〜20メートルのところで、カタクチイワシなどの青魚や動物性プランクトンのオ

■ 地球環境と生態系の長期変動を明らかにする

図7 海洋の気象がウトウの繁殖に影響を及ぼすメカニズム
（Watanuki et al., 2009）

対馬暖流と大陸からの冬の季節風がそれぞれ、カタクチイワシの到来時期とウトウの産卵時期に影響し、それらのミスマッチを通じてウトウの雛の成長や巣立ち成功の年変化に作用していることがわかりました。

左：えさをくわえて繁殖地に戻るウトウ（撮影／筆者）
右：成長速度を調べるため、雛の体重を計る（撮影／筆者）

は、表面海水温13〜15℃の海域に分布する温暖性のカタクチイワシです。13℃の等温線は季節とともに日本海沿岸を北上します。天売島からウトウが日帰りできる最大採食範囲（約150キロメートル）の南端にこの温度の海水が達したちょうどそのころに、ウトウはえさを、寒冷性のイカナゴやホッケの幼魚からカタクチイワシに切りかえます。カタクチイワシは栄養価が高く、ウトウにとっては良いえさなのです。そのカタクチイワシが乗ってくる暖水が天売島周辺に達する時期は、対馬暖流の勢力が強い年ほど早くなります。

春先の気温が低くて雪が多い年は、地面が凍っていて巣穴を掘りづらいため、ウトウの産卵は1か月近く遅れます。

キアミを食べ、夜間だけ島に帰ってきます。このウトウを長く観察したデータから、地域的な気象条件がかれらの繁殖に大きく影響することがわかりました（図7）。

気象と繁殖

春先の気温が高い年にウトウは早くから繁殖を始めます。しかし、その年対馬暖流が弱いとカタクチイワシの来遊が遅れるため、ウトウがカタクチイワシをひなに与えられる期間が短くなります。そのため、ひなの成長速度も巣立ち率も低下します。このように、春先の気温と対馬海流、という2つの地域的な気象条件の組み合わせが、カタクチイワシの利用可能性を通じてウトウの繁殖を大きく左右するのです。

69

気候変化の要因は？

では、このような地域気象の年変化は何によるのでしょうか？　北半球の各場所の気圧と繁殖地である天売島の近くの春先の気温と繁殖を調べたところ、北極圏の春の気温が低く、またその周辺の気圧が高い年には、天売島の春先の気温が高い傾向があることがわかりました。一方、西部北大西洋の冬の気圧が高い年には、この気圧パターンによる風によって対馬暖流の勢力が強まり、ウトウの採食圏内に表面海水温13℃の水が到来する日が早いことがわかりました。このように、春の気温と対馬暖流という二つの地域的気象要因は、北半球におけるそれぞれ異なる気圧分布パターンによって影響を受けるために、繁殖時期と餌の季節性のずれが起こることがあるのです。

1988・1989年に起こった寒冷から温暖への変化です。こうした気候や生態系の急な変化は「レジームシフト」と呼ばれています。寒冷魚であるマイワシの漁獲量は、1974～1989年まで増え続け、その後劇的に減って、1997年には1974年レベルにまで低下しました（図8）。逆に、温暖魚であるカタクチイワシとスルメイカ、ブリとマグロの漁獲量は1989年から1992年に急に増えました。現在はまだ温暖期にあります。

このレジームシフトを反映し、私たちのウトウも、1980年代にはマイワシをよく食べていましたが、1990年代にはカタクチイワシが主要なえさになりました。イワシ類の漁業がさかんな他の海域では、漁獲統計からこのマイワシからカタクチイワシへの魚種交代は明白ですが、その漁業がない北海道北部日本海側でもまったく同時期に魚種交代が起こったことが、ウトウのえさからわかります。その結果、1980年代に比べ1990年代には、ウトウの巣立ち率が上昇しました。

情報のない海域の変化を知る

次に、もう少し長期の気候変化について述べましょう。日本海では10年スケールでの気候変化が観察されています。漁業の点から最も重要な変化は、1976・1977年に起こった温暖から寒冷への変化と、

マイワシ
寒冷レジーム

カタクチイワシ
温暖レジーム

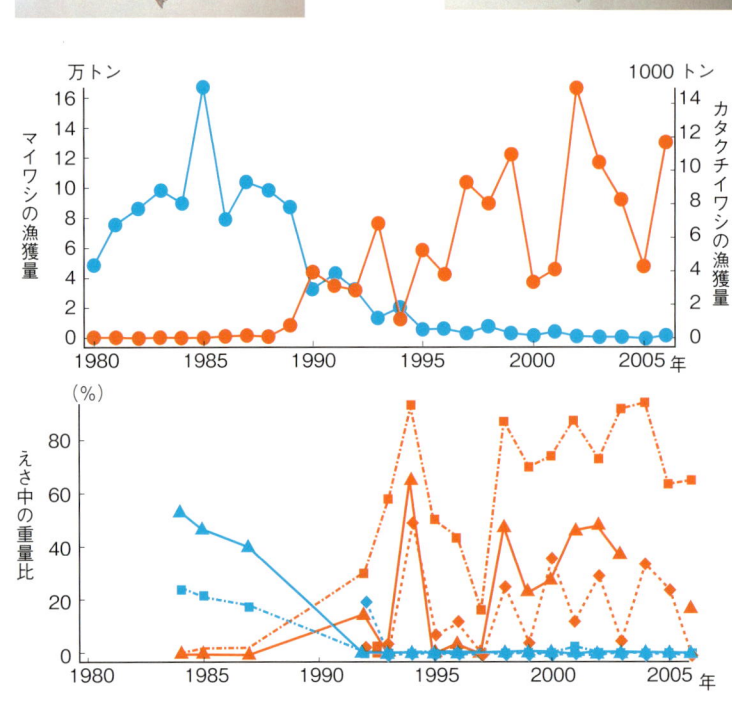

図8　北海道南部（渡島支庁）のマイワシとカタクチイワシの漁獲量の推移（「北海道水産現勢」より）と**天売島で繁殖する3種の海鳥のえさ中のマイワシとカタクチイワシの重量比の年変化**（Deguchi et al., 2004）

●―● マイワシ
●―● カタクチイワシ
▲―▲ ウミネコ
■‥‥■ ウトウ
◆‥‥◆ ウミウ

青線はマイワシ、オレンジの線はカタクチイワシの重量比を示す。

■ 地球環境と生態系の長期変動を明らかにする

表2 海鳥の繁殖のここ20〜30年の変化傾向（報告数）

北極域	早くなった	遅くなった	傾向ははっきりしない
北極域	3	0	1
北太平洋	8	1	10
北大西洋	1	3	2
南半球	0	1	10
南極域	0	6	4

この魚種交代の理由は次のように考えられています。10年スケールでの海洋生態系のレジームシフトは、シベリア高気圧の北部の海面気圧変化による大陸からの冬の季節風の変化や日本海を離れた北部太平洋中部の気圧の変化に関係すると考えられています。冬の季節風は日本海を冷やし、対馬海流は温めます。こういった10年スケールでの気候変化が植物プランクトンの増殖に影響し、それが動物プランクトンの量に影響を与え、魚やその捕食者である海鳥にも影響を与えるのです。

こう見ると、マイワシが獲られているなどカタクチイワシが獲られているなど、私たちの食生活や経済に直接影響する、少なくとも1〜10年スケールの気候変化が海洋生態系に与える影響を探るうえで、漁業情報がない海域では、海鳥はそれに代わる便利なツールであるといえるでしょう。

地球温暖化と海鳥

さらに長期的な地球温暖化傾向は、海鳥にどういった影響を与えているでしょうか。

日本海も地球温暖化の影響を受けていることがわかっています。例えば、天売島の隣の焼尻島の気温は1943〜2009年まで年0.015℃の率で上昇傾向にあります。深度1000メートルまでの深海も含む日本海の平均水温も、年0.0025〜0.0125℃で上昇しています。対馬暖流流量のインデックスも増加傾向にあります。しかしながら、私たちのウトウのデータはたった20年分しかないいか、この温暖化傾向と並行して繁殖時期が早まる傾向や繁殖成績の長期的な傾向はごくわずかな水温変化や気温変化傾向は反映しづらいようです。

北極と南極

では世界的にはどうでしょうか。海鳥で30〜50年にわたる多くの長期研究があります（表2）。北極域カナダのハシブトウミガラスなどでは繁殖時期が早まる傾向が報告されていますが、南極大陸のペンギン・ミズナギドリ目の何種かでは遅くなっています。なぜ北極と南極で傾向が違うのでしょうか？ 海氷がかぎのようです（図9）。北極海でも南極でも海氷は1970年代以降減少し続けています。北極域では、氷の少ない、海が開いた場所に限られます。海氷が減ると、開いた海域が季節的に早い時期にあらわれます。北極域カナダのハシブトウミガラスの繁殖地周辺で採食では、早い時期に繁殖地周辺で採食できるようになったことと関連すると考えられています。

なぜ南極では逆の効果があらわれるのでしょうか？ 南極で繁殖する海鳥やクジラ・アザラシ、そして捕食性の魚の主要なえさ、すなわちかぎ種は、ナンキョクオキアミです。ナンキョクオキアミは南極周辺での海氷の減少とともに減少しており、高次捕食者を含む南極海海洋生態系に大きな影響を及ぼしています。これは、オキアミの主なえさとなる海氷周辺で増える植物プランクトンの量と関連すると考えられています。海氷の減少にともなうオキアミの減少が、南極での海鳥の繁殖時期の遅れにかかわっているのかもしれません。

生態系によるちがい

一方、中緯度地方では繁殖時期の年変化傾向はさまざまです。中緯度地域では偏西風や水温の変化が海鳥の繁殖時期に影響するようです。1990年以降、スコットランドのミツユビカモメとウミガラスの繁殖時期は偏西風が強いと早くなりました。

カリフォルニアのウトウおよびアメリカウミスズメでは、周辺の海水温が低い年に繁殖を早く開始します。カリフォルニア寒流は、この沿岸域で湧昇を引き起こします。湧昇とは深海の海水が表層に上がってくる現象です。植物プランクトンは、

地域によってばらばらでした。海洋の気象は、気圧、風、海流などの要因が絡み合って成立します。そして、これらの要因は、海の生態系に影響を及ぼする生物にさまざまな影響を及ぼします。たとえばカリフォルニア寒流による湧昇は、植物性プランクトンの増殖を引き起こし、それによって魚類や動物性プランクトンも増えるというように、生態系のかぎ種の生活に影響を及ぼします。また、ウトウの例で紹介したカタクチイワシが乗ってくる暖流の営巣場所への接近の度合いは、えさの取りやすさに影響を及ぼします。しかし、こうした影響の出方は海域や生物の性質によって大きく異なり、時には逆になることもあるようです。これは決して、温暖化の影響が海洋生態系では大きくないことを示すわけではありません。温暖化の影響は、それぞれの海域のそれぞれの生物にあらわれているのですが、そのあらわれかたが海域や種類によって一定ではないというだけです。したがって海洋での温暖化の影響は、地域ごとに、陸地よりもさらに慎重に観察し、未来予測をする必要があるということです。

英国の陸鳥65種について1971～1995年の産卵時期の変化の傾向を分析したところ、産卵期の変化の傾向を分析したところ、遅れたのは1種で、比較的多くの種（20種）で産卵が早まっていました。ところが海鳥では、このようなはっきりした傾向はあらわれず、変化は水に溶けている栄養分を使って増殖します。深海の海水にはこの栄養塩が多く含まれるので、湧昇は表層の植物プランクトンの増殖につながります。そのため、湧昇が強く海水温が低い年には、植物プランクトンに栄養塩が供給されて増殖し、それを食べて生活している魚類やオキアミという海鳥の主要な餌も増殖するため、海鳥は早く繁殖をはじめるのだと考えられています。ところが、カナダのブリテッシュコロンビア周辺海域の海水温が高い年に早く繁殖し海域の海水温が高い年に早く繁殖し海域の海水温が高い年に早く繁殖し海域の海水温が高い年に早く繁殖していますが、エトピリカ、ウトウが産卵期に何を食べているかは、まだ十分にわかっておらず、水温が高いとなぜ早く繁殖開始するか、結論付けるのにはまだ早いようです。

図9 南極海の海氷の変化は、ナンキョクオキアミの資源量の変化を与えます。海氷は採食場所の制限や動植物プランクトンの動態を通じて高次捕食者の生活に影響するようです。（撮影／筆者）

どに影響することで間接的にも、海鳥の繁殖に影響します。生態系に大きな影響を与えます。とくに後者のような、食物網を通じての影響を「ボトムアップ効果」とよびます。ここでは、海鳥を通してこのボトムアップ効果をとらえることで、海洋生態系の変化をモニターする可能性を紹介しました。

しかし、海鳥の観察からわかることはこれだけではありません。先に紹介した図2からわかるように、海鳥は海洋生態系において3番目に重要な高次捕食者です。気候変化がボトムアップ効果によって海鳥やクジラの繁殖成績や親の生存率の変化をもたらせば、結果的にかれらの個体数が変わります。そうすると、かれらが食べるえさの捕食量が変わり、海洋生物群集に大きな影響を与えることがあります。

人間の活動と海鳥

さらに、この問題に大きくかかわるのは人間による漁獲です。海洋から食料を得ているということから考えると、人間も海洋生態系では重要な高次捕食者であり、他の高次捕食者と同じえさをめぐって競争していることになります。そして特定の魚

ボトムアップ・トップダウン効果

このように、短期的・長期的な気候変化は、気温・水温・海水の動きや海氷の変化を通じて直接的に、またこれらの要因が海鳥のえさ生物な

■ 地球環境と生態系の長期変動を明らかにする

図10 人間は捕鯨や乱獲によってクジラやマグロ類を大きく減らしました。そのことによって、トップダウン効果が変化し、海洋生態系は大きく変化し、またしつつあると考えられています。(撮影／倉沢康大)

てしまうことであったなら、例えば、前に紹介したバイオロギング技術によって海鳥にとっての重要な海域と漁業との関係を明らかにし、海鳥の混獲リスクが高い海域を探し出し、そこで効果的な対策を講じることが可能になります。

私たちがこれからもずっと海洋生物資源を利用するために、また増殖率が小さいなどの理由で特に人間活動のインパクトを受けやすい海鳥の保全のために、気候変化と漁業の両方がボトムアップ・トップダウン効果を通じて海洋生態系にどう影響するかを知らなければなりません。そのための指標として、海鳥は役に立つ一つでしょう。

皆さんが海岸を散歩する際に、浜辺に打ち寄せられた海鳥の死体の種類や数を記録したり、河口にいる海鳥を観察したり、あるいは定期フェリーに乗る際に見えた海鳥を記録したりすることを長年続け、そのデータを蓄積することでも、海の変化を知るきっかけになるかもしれません。

を好むことから、特定の魚を選んで獲り、その数を大きく減らします。その良い例がマグロ類です。過剰漁獲によってマグロ類が減少すると、海鳥など他の高次捕食者にとっては、えさをめぐる競争相手が減るわけですから、もしかしたらえさを利用しやすくすることになるかもしれません。

人間は別の面からも海鳥にインパクトを与えています。人間は、漁網などの漁具に海鳥を引っかけてしまったり、繁殖地に立ち入ったり環境を変えたりすることによって今も多くの海鳥を絶滅の危機に追いやっています。例えば、世界には21種のアホウドリ科の海鳥がいますが、そのうち16種は、絶滅危惧種としてIUCN（国際自然保護連合）のレッドリストにあげられています。わが国のレッドリストにも、日本で繁殖する海鳥35種のうち21種が入っています。

海鳥の保全のためには、海鳥の数をモニタリングし、もし減っていたら、繁殖成績や親の死亡率、そしてその原因となりそうな要因を調べる必要があります。海鳥の数が減る原因が、流し網や延縄漁にひっかかっ

引用文献

■地球環境と生態系の長期変動を明らかにする（中静透）

図2：Sakai S, Harrison RD, Momose K, Kuraji K, Nagamasu H, Yasunari T, Chong L, Nakashizuka T. (2006) Irregular droughts trigger mass flowering in aseasonal tropical forests in asia. *American Journal of Botany* **93**: 1134-1139.

図4：山田文雄 （2002）ノウサギ．全国森林病虫獣害防除協会（編）森をまもる－森林防疫研究50年の成果と今後の展望－，p. 309-314.

■世界の森林の二酸化炭素吸収量を測る（三枝信子）

図1・図3：国立環境研究所地球環境研究センター陸域モニタリング推進室のウェブページ（http://db.cger.nies.go.jp/gem/warm/flux/archives/）より引用

図4・図5：Saigusa N, Yamamoto S, Hirata R, Ohtani Y, Ide R, Asanuma J, Gamo M, Hirano T, Kondo H, Kosugi Y, Li S G, Nakai Y, Takagi K, Tani M, Wang H. (2008) Temporal and spatial variations in the seasonal patterns of CO_2 flux in boreal, temperate, and tropical forests in East Asia. *Agricultural and Forest Meteorology* **148**: 700-713.

図6：Saigusa N, Ichii K, Murakami H, Hirata R, Asanuma J, Den H, Han S-J, Ide R, Li, S-G, Ohta, T, Sasai, T, Wang, S-Q, Yu, G.-R. (2010) Impact of meteorological anomalies in the 2003 summer on Gross Primary Productivity in East Asia, Biogeosciences **7**: 641-655.

■森林の水と物質の循環からわかる生態系の変化（大手信人）

図1：Galloway JN, Cowling EB. (2002) Reactive nitrogen and the world: 200 years of change. *AMBIO*, **31**(2), 64-71.

図3：Bormann FH, Likens FH, Melillo JM. (1977) Nitrogen budget for an aggrading northern hardwood forest ecosystem. *Science* 27 May 1977: 981-983.

図4：Stoddard JL. (1994) Long-term changes in watershed retention of nitrogen: its causes and aquatic consequences. In: Baker L A (ed.) Environmental chemistry of lakes and reservoirs. American Chemical Society.

図5：Ohte N, Mitchell MJ, Shibata H, Tokuchi N, Toda H, Iwatsubo G. (2001) Comparative evaluation on nitrogen saturation of forest catchments in Japan and northeastern United States. *Water Air and Soil Pollution* **130**: 645-649.

■海鳥の目からみた海洋変化（綿貫豊）

表1：Bax N J (1991) A comparison of fish biomass flow to fish, fisheries, and mammals in six marine ecosystem. *ICES Mar. Sci. Symp.* **193**: 217-224.

図6：Yamamoto T, Takahashi A, Katsumata N, Sato K, Trathan P N. (2010) At-sea distribution and behavior of streaked shearwaters (*Calnectris leucomelas*) during the non breeding period. *Auk* **127**: 871-881.

図7：Watanuki Y, Ito M, Deguchi T, Minobe S. (2009). Climate-forced seasonal mismatch between the hatching of rhinoceros auklets and the availability of anchovy. *Marine Ecology Progress Series* **393**:259-271.

図8：Deguchi T, Watanuki Y, Niizuma Y, Nakata A. (2004) Interannual variations of the occurrence of epipelagic fish in the diets of seabirds breeding on Teuri Isrand, northern Hokkaido, Japan. *Progress in Oceanography* **61**: 267-257.

図9：Atkinson A, Siegel V, Pakhomov E, Rothery P. (2004) Long-term decline in krill stock and increase in salps within the Southern Ocean. *Nature* **432**:100-103.

表紙写真について

本書の表紙に使用した写真は、日本生態学会会員のみなさんをはじめ、多くの方々にご提供いただきました。写真のテーマと撮影者は次の通りです。（敬称略）

1 ヒゲペンギン　撮影／高橋晃周
2 サンゴ礁　撮影／仲岡雅裕
3 アカアシミズナギドリ　撮影／倉沢康大
4 アデリーペンギン　撮影／綿貫豊
5 南極海の海氷　撮影／綿貫豊
6 恵みをもたらす流氷　アムール川流域の森林にその源がある有機炭素成分を運んでいる栄養物や有機炭素成分を運んでくる流氷が解け始めている。これが知床のサケマスや鳥類、哺乳類、鯨類と恵みをもたらすつながりになっています。撮影／阿部晴恵
7 高次捕食者であるシャチ　撮影／倉沢康大
8 ニシツノメドリ　撮影／高橋晃周
9 燃えて循環する　砥峰高原の火入れの様子。ススキの葉が燃えて空中へと炭素が帰っていく循環のひとつ。火入れは物質循環の役割を果たすとともに、芽生えの邪魔になるリターを除去するため、草原生植物の多様性に貢献している。さらに、文化としての側面も持ち合わせている。撮影／松村俊和
10 段畑のトビ　半島の段々畑でテリトリーを守ろうとして偵察飛行する鳶の姿を捉えました。撮影／立川賢一
11 ヨーロッパヒメウ　撮影／伊藤元裕
12 カラマツの葉　撮影／独立行政法人国立環境研究所
13 根っこでつながる　地上でツチトリモチが一列に並んでいる。おそらく寄生先の根に沿って並んでいるのだろう。寄主と寄生者とのつながりがよくわかる。撮影／松村俊和
14 海の栄養、森林へ　産卵を終えたサケの死体（ホッチャレ）は、哺乳類、鳥類、昆虫など様々な動物に消費され、間接的にその栄養は陸上にもたらされるが、洪水により河畔林内に直接運ばれ、雪の下で分解していくものもある。撮影／長坂有
15 落ち葉が育む川の生き物（ホオノキ落ち葉を食べるトビケラ幼虫）森林から川にもたらされる大量の落ち葉は、菌類や微生物などがとりつき栄養価が上がるとともに、水生昆虫やカワニナ、ザリガニ、ヨコエビなど、様々な水生生物により消費されていく。
16 森を行く、沢を行く～白神ブナ林モニタリング調査にて　森林動態を把握するための毎木調査、奥山の天然林調査地へと調査道具、食糧を担いで向かっている途中のワンシーンです。林冠には隙間なく樹冠が広がり、林床には所狭しと低木、草本が生い茂り、その間を縫うように沢が流れ、森林生態系がみな全て一体になって動いているさまには感嘆させられてしまいます。森林調査の楽しみの一つでもあります。（撮影／石塚航）

参考になる本

この本の内容に関連する、執筆の先生方の■推薦図書、■著書を紹介します。

「地球環境と生態系の長期変動を明らかにする」に関連する本

■『世界遺産をシカが喰う――シカと森の生態学』
湯本貴和・松田裕之著　文一総合出版（2006年）

■『マツ枯れは森の感染症』
二井一禎著　文一総合出版（2003年）

■『生き物異変　温暖化の足音』産経新聞取材班著　産経新聞社（2010年）

■『植物生態学』
寺島一郎・彦坂幸毅・竹中明夫・大崎満・大原雅・可知直毅・甲山隆司・露崎史朗・北山兼弘・小池孝良著　朝倉書店（2004年）

森林の二酸化炭素吸収量については、日本語で読める本はまだあまりありません。専門書ですが、森林生態系に関する本として紹介します。

http://www.cger.nies.go.jp/ja/library/qa/qa_index-j.html

「世界の森林の二酸化炭素吸収量を測る」に関連する本

■『森林の再発見（生物資源から考える21世紀の農学4）』
太田誠一編　京都大学学術出版会（2007年）

第5章「良質の水の源としての森林」を執筆しています。

「森林の水と物質の循環からわかる生態系の変化」に関連する本

■『森林水文学――森林の水のゆくえを科学する』
森林水文学編集委員会編　森北出版（2007年）

■『地球環境と生態系――陸域生態系の科学』
武田博清・占部城太郎編　共立出版（2007年）

■『森林の物質循環（UPバイオロジー）』
堤利夫著　東京大学出版会（1987年）

■『気象ブックス026　ココが知りたい地球温暖化』
国立環境研究所地球環境研究センター編著　成山堂書店（2009年）

■『気象ブックス032　ココが知りたい地球温暖化2』
独立行政法人　国立環境研究所 地球環境研究センター著　成山堂書店（2010年）

以上2冊は、一般の方が地球温暖化についてお持ちの疑問を、Q&A形式で解説するもの。国立環境研究所の職員が分担して執筆しています。国立環境研究所のホームページにも、さまざまな疑問に答えるページがあります。アドレスは左の通りです。

「海洋の生物多様性の全体像に迫る」に関連する本

■『潜水調査船が観た深海生物　深海生物研究の現在』
　藤倉克則・奥谷喬司・丸山正 編著　東海大学出版会（2008年）

「海鳥の目からみた海洋変化」に関連する本

■『海鳥の行動と生態』　綿貫豊 著　生物研究社（2010年）

■『バイオロギング　動物たちの不思議に迫る』
　日本バイオロギング研究会 編　京都通信社（2009年）

■『イワシはどこに消えたのか（中公新書）』
　本田良一 著　中央公論社（2009年）

日本生態学会とは？

　日本生態学会は、1953年に創設されました。生態学を専門とする研究者や学生、さらに生態学に関心のある一般市民から構成される、会員数4000人余りを誇る、環境科学の分野では日本有数の学術団体です。

　生態学は、たいへん広い分野をカバーしているので、会員の興味もさまざまです。生物の大発生や絶滅はなぜ起こるのか、多種多様な生物はどのようにして進化してきたのか、生態系の中で物質はどのように循環しているのか、希少生物の保全や外来種の管理を効果的に行うにはどのような方法があるのか、といった多様な問題に取り組んでいます。また、対象とする生物や生態系もさまざまで、植物、動物、微生物、森林、農地、湖沼、海洋などあらゆる分野に及んでいます。会員の多くが、自然や生きものが好きだ、地球上の生物多様性や環境を保全したい、という思いを共有しています。

　毎年1回開催される年次大会は学会の最大のイベントで、2000人ほどが参加し、数多くのシンポジウムや集会、一般講演を聴くことができます。また、昨年から高校生を対象としたポスター発表会も始まり、次代を担う生態学者の育成をに努めています。学術雑誌の出版も学会の重要な活動で、専門性の高い英文誌「Ecological Research」をはじめ、解説記事が豊富な和文誌「日本生態学会誌」、保全を専門に扱った和文誌「保全生態学研究」の3つが柱です。英文はちょっと苦手という方も、和文誌が2種類用意されているので、新しい知見を吸収できると思います。さらに、行政事業に対する要望書の提出や、一般向けの各種講演会など、社会に対してもさまざまな情報を発信しています。

　日本生態学会には、いつでも誰でも入会できます。入会を希望される場合は、以下のサイトをご覧下さい。「入会案内」のページに、会費、申込み方法などが掲載されています。
http://www.esj.ne.jp/esj/

エコロジー講座 4
地球環境問題に挑む生態学
日本生態学会 編　　仲岡雅裕 責任編集

2011年4月20日　初版第1刷発行

デザイン　ニシ工芸株式会社

発行人　斉藤 博
発行所　株式会社文一総合出版
〒162-0812　東京都新宿区西五軒町2-5　川上ビル
TEL: 03-3235-7341
FAX: 03-2369-1401
郵便振替　00120-5-42149
印刷所　奥村印刷株式会社

2011 ⓒThe Ecological Society of Japan
ISBN978-4-8299-1019-1
Printed in Japan

乱丁・落丁本はお取り替えいたします。
本書の一部または全部の無断転載を禁じます。

市民のための生態学入門

日本生態学会編『エコロジー講座』シリーズ

「エコロジー講座」は、日本生態学会の学会大会の際に開催される公開講演会の内容をまとめたものです。
公開講演会では、日本を代表する生態学研究者が、生態学の最新の成果をわかりやすく紹介します。
講演者に直接質問ができるのも、この講演会の魅力の一つです。
公開講演会の日程や内容は、日本生態学会のホームページに掲載されます。
事前の申し込みが必要な場合もありますので、ご注意ください。
「エコロジー講座」シリーズは、これまでに次の3冊が刊行されています。

■森の不思議を解き明かす
責任編集／矢原徹一
B5判　88ページ　定価1,890円（本体1,800円＋税）

生態学の目で見ると、森は不思議がいっぱいの世界！　木はどうして高く伸びるのでしょう？　でも、際限なく高くはならないのはどうしてなのでしょう？　樹木の生活をめぐる基本的なことのなかにも、まだわかっていないことはたくさんあります。しかも、森にはとてもたくさんの生きものがすんで、複雑な関係を織り上げています。不思議に満ちた森について、最近になってわかってきた新しい成果を紹介します。

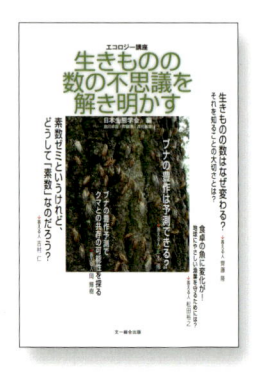

■生きものの数の不思議を解き明かす
責任編集／島田卓哉・齊藤隆
B5判　72ページ　定価1,890円（本体1,800円＋税）

生きもののさまざまな「つながり」を知ることは、生態学の大きなテーマの一つです。そして、そうした生きものの性質をさぐるうえで、その「数」を知ることは大きな手がかりになります。生きものはどうやって、どのように、増えたり減ったりしているのでしょう？　食卓に上る野生動物・魚の数の変化から素数ゼミのなぞまで、「数」をテーマに生きものを見るおもしろさを紹介します。

■なぜ地球の生きものを守るのか
責任編集／宮下直
B5判　80ページ　定価1,680円（本体1,600円＋税）

生物多様性を守ることは、わたしたちの生活を豊かにすることにつながっています。水や空気をはじめ、私たちが生活する上で欠かせない『地球環境』は、生物多様性の上に成り立っているからです。その生物多様性が危機に瀕する今、私たちはどんなことができるのでしょう？　いまどのような問題が発生しているのかを整理し、誰でもすぐにできる生物多様性を守るための行動を提案します。

＊定価は2011年3月現在のものです。